Biologie und Landwirtschaftswissenschaften

WISSENSCHAFTLICHE TASCHENBÜCHER

HELLMUTH GÄBLER

Forstschutz

AKADEMIE-VERLAG · BERLIN

WTB

BAND 9

Hellmuth Gäbler

Forstschutz

Mit 36 Abbildungen

AKADEMIE-VERLAG · BERLIN
1963

Verantwortlicher Herausgeber dieses Bandes

Prof. Dr. M. Klinkowski

Verfasser

Prof. Dr. H. Gäbler, Eberswalde

Institut für Forstzoologie an der Forstwissenschaftlichen Fakultät der Humboldt-Universität zu Berlin

Erschienen im Akademie-Verlag GmbH,
Berlin W 8, Leipziger Straße 3—4

Lizenznummer: 202·100/441/63
Gesamtherstellung: VEB Druckerei „Thomas Müntzer" Bad Langensalza
ES 22 L / 18 G 1-3
Bestellnummer: 7009 · Preis: DM 8,—

Vorwort

Im Forstschutz werden alle Fragen behandelt, welche dazu dienen, den Wald vor Schäden zu schützen oder bereits eingetretene Schäden zu beseitigen. Dabei ist es oft notwendig, auch Probleme anderer forstlicher Randgebiete, wie besonders solche des Waldbaues, zu behandeln. Dies erschwert dem Bearbeiter seine Aufgabe natürlich wesentlich.

Schon das Gesamtgebiet des Forstschutzes selbst umfaßt sehr heterogene Einzelgebiete. Aus diesem Grunde wird es auch in drei Kapitel eingeteilt, nämlich in den Allgemeinen Forstschutz, in den Forstschutz gegen Tiere und den gegen Pflanzen. Im Lehrbetrieb der Forsthoch- und -fachschulen werden diese drei Teile auch meist von verschiedenen Dozenten gelesen.

Bei dem Umfang des in dem vorliegenden Band behandelten Gebietes ist es nicht einfach, auch nur einen einigermaßen vollständigen Überblick zu geben, da der zur Verfügung stehende Raum nur sehr gering ist. Es soll im folgenden versucht werden, diese Aufgabe zu lösen. Natürlich ist es nicht möglich, zum Beispiel im Kapitel „Forstschutz gegen Tiere" auch nur die wichtigsten Schädlinge zu beschreiben. Deshalb beschränken wir uns auf die Schilderung ihrer Lebensweise und Bekämpfung. Aus diesem Grunde muß auf umfangreichere Lehrbücher, besonders der Forstentomologie, verwiesen werden.

Inhaltsverzeichnis

A. Allgemeiner Forstschutz

I. Klimatische Schäden

1. Kälte. Es werden der meist großflächig auftretende **Land-** oder **Advektivfrost** und der **Strahlungs-** oder **Lokalfrost** unterschieden. Letzterer wird besonders in klaren kalten Nächten in Bodensenken und Bestandeslöchern (Frostlöcher) beobachtet. Lokalfrost entsteht meist in wolkenlosen Frostnächten durch Strahlung. Am tiefsten sinken dabei die Temperaturen in Bodennähe.

Frost kann als **Frühfrost** im Herbst, **Spätfrost** im Frühjahr oder als **Winterfrost** auftreten.

Folgen der Frostwirkung: 1. Der **Kältetod** führt zum Absterben von Blättern, Trieben und anderen Pflanzenteilen. Besonders gefährdet sind im Frühjahr frisch ausgetriebene Blätter und Zweige sowie im Herbst bzw. Winter nicht ausgereifte Triebe hauptsächlich ausländischer Holzarten. Verschiedene Pflanzenarten, aber auch Einzelindividuen und deren Organe haben eine unterschiedliche Frostresistenz, d. h., sie sind verschieden widerstandsfähig gegen Kältegrade unter 0 °C. „Kälteresistenz" dagegen ist die Widerstandskraft der Pflanzen bei Graden über 0 °C. Je wasserhaltiger ein Pflanzenteil ist, um so kälteempfindlicher ist er. Deshalb halten die wasserarmen Samen verhältnismäßig viel Kälte aus. Auch der osmotische Wert scheint in diesem Zusammenhang eine gewisse Rolle zu spielen. Desgleichen leiden die Pflanzen in der Winterruhe am wenigsten. Auch das Alter der Bäume ist dabei nicht unwesentlich. Selbst Düngung kann sich zum Beispiel negativ auswirken. Die kritische Frosttemperatur, bei der Erfrierungen eintreten, liegt in der Zeit von Dezember bis März viel tiefer als z. B. im Mai. Auch wird langsame Abkühlung besser vertragen als rasche. Die Zahl der Frosttage im Jahre hängt nicht immer von der Höhenlage ab. Nach Frosteinwirkung schadet rasche Erwärmung mehr als langsame Temperaturzunahme.

Abb. 1. Eichenstamm mit Frostleiste

2. **Frostrisse** kommen in erster Linie an Hartholzarten vor, besonders bei starken Temperaturschwankungen. Sie verlaufen meist senkrecht zwischen zwei Wurzelanläufen nach oben. Durch Überwallungsversuche des Baumes entstehen Frostleisten (Abb. 1), da die Risse in jedem Winter erneut aufreißen. Diese Leisten haben ein lippenartiges Aussehen und können einige Meter lang sein. Sie entstehen meist am Morgen mit einem lauten Knall. Bei Nadelhölzern finden sich Frostrisse seltener.

Ihre Bedeutung ist nicht sehr groß, weil sie nicht übermäßig häufig sind. Gegenmaßnahmen gibt es nicht. 3. **Auffrieren** oder **Barfrost** schädigt junge Forstpflanzen dadurch, daß der Boden, in welchem sie wurzeln, abwechselnd friert und wieder auftaut. Die Pflanzen werden dadurch mit ihren Wurzeln gehoben, fallen schließlich um und vertrocknen. Kämpe und Freisaaten auf feuchten Böden sind am gefährdetsten. So günstig Barfrost auf die Bodengare sich auswirkt, so beträchtlich kann sein Schaden durch Auffrieren sein. Am gefährdetsten sind flachwurzelnde Holzarten (Tanne und Fichte), aber auch Jungpflanzen von Tiefwurzlern werden geschädigt. Die verschiedenen Bodenarten reagieren ebenfalls unterschiedlich. So frieren feuchte und humose sowie aufgelockerte Ton- und Kalkböden besonders leicht auf. Auch alle Lagen, in denen größere Temperaturschwankungen vorkommen, so nach Süden und Westen gelegene, zeigen die größten Schäden, weil hier im Herbst und Frühjahr lange Zeit Frost und Tauwetter abwechseln. Das wird noch dadurch verstärkt, daß die Wurzeln den Boden ihrer Umgebung lockern und das dort eingedrungene Wasser beim Gefrieren Spaltenfrostwirkung zeigt. Schwere Schäden fand ORLOW in der Taigazone der Sowjetunion.

Vorbeugend gegen Frost wirkt der Anbau von Kiefer und Weymouthskiefer als weitgehend frostharte Holzarten. Auch Fichte hält stärkeren Frösten stand. Das Abströmen von Kaltluft aus Frostlöchern in Altbeständen kann durch Gassenschlagen erreicht werden. Jungpflanzen lassen sich in kalten Nächten durch Rauchentwicklung schützen. Die Bodenfrostgefahr wird durch Bodenentwässerung vermindert, dabei genügt oft schon ein Hochlegen der Beete in Kämpen. Nach dem 1. September darf keine Bodenlockerung auf gefährdeten Flächen durchgeführt werden. Gelockerte Pflanzen sind kurz nach dem endgültigen Auftauen des Bodens festzutreten, da sie sonst vertrocknen. Auch muß stärkerer Unkrautwuchs aus jüngeren Beständen rechtzeitig entfernt werden. Frostgefährdete Holzarten sollte man unter einem Schirm, z. B. von Birke oder Aspe, anbauen. Dem Barfrost kann außerdem durch Umlegen der Pflanzen mit Moos, Heidekraut, Nadelstreu u. a. weitgehend vorgebeugt werden. Letztere kann allerdings mitunter eine Schütteinfektionsgefahr heraufbeschwören. Stärker heruntergefrorene Laubhölzer müssen zurückgeschnitten werden.

2. Hitze. Bei starker Hitzeeinwirkung (ca. + 50 °C) werden die Pflanzenzellen abgetötet. Da gleichzeitig in unseren Breiten häufige Dürre eintritt, so summieren sich diese Wirkungen, obgleich sie an sich scharf getrennt werden müssen. Dürreschäden werden wir später noch behandeln. Bei älteren Bäumen können die hohen durch Hitze erzeugten Spannungen im Stamm zu **Hitze- oder Sonnenrissen** führen. Besonders gefährdet sind in dieser Beziehung glatt- und dünnrindige Holzarten. Der Schaden bleibt aber nicht auf sie beschränkt. Sonnenrisse können sowohl durch sehr hohe Temperaturen als auch durch beträchtliche Temperaturschwankungen hervorgerufen werden, und zwar besonders im Sommer und Herbst. Ihr Verlauf ist spiralig. Sie verheilen im Gegensatz zu den Frostrissen meist rasch. Eine Pilzinfektion kann trotzdem gelegentlich auftreten. Die glatte Rinde einiger Holzarten (Buche, Fichte, Tanne, Weymouthskiefer u. a.) springt auf und löst sich nach starker Hitzeeinwirkung und Absterben des Cambiums ab. Die freigelegten Holzteile bekommen kleine Risse. Wir nennen diese Erscheinung **Rinden- oder Sonnenbrand** (Insolationsschäden) (Abb. 2). Sekundär dringen in den teilweise freigelegten Holzkörper Pilze und tierische Schädlinge (z. B. Holzwespen) ein. Dicke Borke schützt das unter ihr liegende Cambium weitgehend gegen zu starke Erhitzung. Auch hier sind wieder die Süd- und Westränder der Bestände bzw. Süd- und Westhänge wegen starker Besonnung am stärksten gefährdet, und zwar gilt dies besonders für ältere Bäume bei plötzlicher Freistellung in solchen Lagen. An Südhängen kann Schaden auch in unbelaubten Buchenbeständen im Frühjahr bei Schnee (Reflektion) auftreten. Der größte Schaden entsteht durch die **Abtötung von Forst-**

pflanzenkeimlingen. Die Erdoberfläche erwärmt sich hier so stark, daß die Zellen dicht über und unter der Bodenoberfläche absterben und die Stämmchen an diesen Stellen einschrumpfen. Dies tritt in erster Linie bei Keimlingen der Tanne und Fichte ein. Auch Douglasie, Weymouthskiefer und Ahorn sind recht empfindlich. Die Pflanzen sterben dadurch ab. Dunkle und helle sehr lockere

Abb. 2. Besonnungsschäden an Buchenrinde

Böden sind am gefährdetsten. Die ersteren absorbieren die Wärme sehr stark, und helle lockere Böden leiten dieselbe nur schwer nach der Tiefe ab. So erwärmt sich festgedrückter Sandboden an seiner Oberfläche um 16 °C geringer als lockerer. Der Boden kann sich so stark erhitzen, daß selbst Forstsamen darin abgetötet werden. Auch von heller Rinde oder geschältem Holz reflektierte Sonnenstrahlen können Keimlinge abtöten. Unter den jungen

Forstpflanzen scheint die Hitze wesentlich mehr Schaden anzurichten als der Frost (E. MÜNCH). Man darf solche Schäden nicht erst im Sommer erwarten. Sie können schon im zeitigen Frühjahr eintreten.

Zum Schutze der Rinde älterer glattrindiger Bäume ist die Erhaltung des Bestandsmantels wichtig, da die Schäden bei Freistellung nach Süden und Westen eintreten. Bei einzeln freigestellten Bäumen kann die Rinde durch Kalkung oder Lehmanstrich geschützt werden. Jedenfalls dürfen die geschädigten Bäume unter keinen Umständen geschlagen werden, da sonst der Schaden immer weiter in den Bestand hineingetragen wird. Der Schutz von freigestellten Bäumen mit Hilfe von wildem Wein dürfte wohl nur in Einzelfällen in Frage kommen, da letzterer 2—3 Jahre vor der Freistellung bereits gepflanzt werden müßte. Gegen Hitzerisse gibt es kein Mittel. Ein Schutz ist auch kaum notwendig, da solche Risse verhältnismäßig selten vorkommen und, wie wir sahen, rasch wieder verwachsen. Schäden an Keimpflanzen werden vermieden, wenn man z. B. bei dunklen Böden durch Streuen mit Kalk oder Sägemehl die Wärmeabsorption herabsetzt. Auch Abdecken durch Gitter oder Reisig kommt in Frage. Bei Verwendung von Fichtenreisig muß man allerdings bedenken, daß die Nadeln bald abfallen und dadurch sich die Beschattungsverhältnisse rasch ändern. Am günstigsten ist Douglasienreisig, da hier die Nadeln nicht abfallen. Bei Kiefer tun sie dies zwar auch nicht, die Schattenwirkung ist aber geringer. Rohrmatten haben sich gut bewährt, während Strohmatten ungeeignet sind. Lattengitter sind zwar brauchbar, aber oft nicht leicht in der Handhabung.

Man muß sich davor hüten, Hitze- mit Dürre- oder Keimlingspilzschäden zu verwechseln, da besonders letztere in Kämpen und auf Saatflächen ebenfalls häufig sind.

3. Licht. Lichtschaden kommt im Forst verhältnismäßig selten vor. So etiolieren stark beschattete Lärchen-

und Kiefernpflanzen, d. h., die unter **Lichtmangel** leidenden Pflanzen oder Pflanzenteile bleiben gelblich, werden nicht grün und wachsen stark in die Länge. Werden Blätter überhaupt gebildet, so bleiben sie kümmerlich. Empfindlich sind in dieser Beziehung vor allem Kiefer und Lärche, weniger die Fichte. Tanne als Schattenholzart zeigt in der Jugend solche Schäden nicht. Unter Lichtmangel leiden ebenfalls unterdrückte Bäume in älteren Beständen. Desgleichen verschwindet Naturverjüngung von Lichtholzarten bei denselben Bedingungen. Umgekehrt schadet aber auch zu plötzliche Freistellung von Schattenholzarten. Allmählicher stärkerer Belichtung passen sich die Pflanzen an.

4. Regen. Sehr starker Regenfall in Gestalt von Platzregen oder Wolkenbrüchen kann Organe älterer Forstpflanzen, wie Blätter, Blüten, Zweige usw., zerschlagen und abschlagen oder Jungpflanzen vernichten. Oberirdische Pflanzenteile liegen nach solchen Wolkenbrüchen wie gesät am Boden, was zu **Zuwachsverlusten** führen kann, da die assimilierende Oberfläche der Bäume sich dadurch mehr oder weniger stark vermindert. Diese Gefahr besteht in erster Linie in den Monaten Mai—August. Außerdem wird durch das Aufschlagen der Tropfen der Boden verdichtet, in erster Linie, wenn er z. B. durch Streunutzung seiner normalen Decke beraubt ist. Eine solche Gefahr ist bei den einzelnen Bodenarten natürlich verschieden groß. So neigen tonige Böden besonders zur weiteren **Verdichtung**. An Jungpflanzen können sich durch Bodenpartikelchen „Höschen" bilden, welche die Atmung verhindern. In gebirgigem Gelände werden der Boden an den Hängen abgespült (**Bodenerosion**) und die Verkarstungsgefahr erhöht.

Um letzteres zu verhindern, müssen Streu und Bodenbewuchs erhalten bleiben. An solchen Stellen sind Kahlschläge zu vermeiden. Wenn dies nicht möglich ist, wie z. B. auf Wind- und Schneebruchflächen, so ist wenigstens die Stockrodung an Hängen zu unterlassen, und dort sind die Bodenverwundungen für die Aufforstung horizontal anzulegen. Die direkten Schäden an Bäumen und jungen Forstpflanzen durch die mechanische Wirkung des Regens kann nicht verhindert werden. Dem zu raschen Abfluß des Wassers an Hängen, der Schaden anrichten könnte, sollte man so weit möglich am besten durch Anlage horizontaler Sickergräben begegnen.

5. Schnee. Wenn die Bäume auch imstande sind, große Schneemassen zu tragen, so kommt es doch häufig, besonders in den unteren Gebirgslagen, zu schweren Bruchschäden, dabei können die Bruchflächen sehr verschiedene Ausmaße haben. Vom **Einzel-** über den **Gassen-** zum **Flächenbruch** gibt es alle Übergänge. Äste, Kronen und Stämme brechen. Am gefährdetsten sind unter normalen Verhältnissen die Nadelhölzer. Laubhölzer werden vorwiegend dann betroffen, wenn der Schnee zu Zeiten fällt, zu denen sie entweder die Blätter noch tragen oder bereits begrünt sind. Die Schneebruchschäden sind besonders verheerend, wenn während eines starken Schneefalles Windstille herrscht oder der Schnee naß ist bzw. durch anschließenden Regen feucht wird. Breitkronige Bäume brechen eher als spitzkronige. Der Anteil des Schneeschadens ist sehr hoch; er macht mehr als die Hälfte der Bruchschäden aus. Der erhöhte Anfall an Schneebruchholz bei Tauwetter beruht nicht nur auf der Zunahme des Gewichtes von nassem Schnee, sondern auch auf der Abnahme der Biegefestigkeit ungefrorenen Holzes. Bei ruhigem Schneefall und einigermaßen geschlossenen Nadelholzbeständen erreicht nur ein verhältnismäßig geringer Teil (z. B. 15-35 %) des Schnees den Boden. Das meiste bleibt auf den Zweigen liegen. Wie wir sahen, liegt auf Nadelholzzweigen wesentlich mehr Schnee als auf unbelaubtem Laubholz. Das wird aber teilweise dadurch ausgeglichen, daß das erstere erst bei 50 kg pro m^2 Belastung bricht, während dies bei Laubholz schon bei 25 kg/m^2 eintritt. Allerdings ist bei ersteren die Wirkung deshalb größer, weil der Schnee sich hier

mehr in den Außenbezirken der Krone auflagert (längerer Hebelarm), bei unbelaubten Laubhölzern aber gleichmäßig über die Krone verteilt. Am gefährdetsten sind windgeschützte Lagen. Die Gefährdung der einzelnen Holzarten ist unterschiedlich. Widerstandsfähig sind verschiedene Kiefernarten, Fichte, Tanne, Douglasie, von den Laubhölzern Eiche, Eberesche und Bergahorn. Dabei liegen die Verhältnisse bei manchen besonders an Schneebruchgebiete angepaßten Rassen, z. B. der Höhenkiefer, recht günstig. Letztere ist spitzkronig und fängt deshalb nicht so viel Schnee auf. Daß trotzdem gerade in Beständen verhältnismäßig schneebruchsicherer Holzarten besonders viel Bruch vorkommt, liegt daran, daß diese Arten vorwiegend in schneebruchgefährdeten Gebieten vorkommen. Hier sollen möglichst nicht angebaut werden: Birke, Erle, Aspe und Linde. Hauptsächlich werden Höhenlagen von 300—800 m betroffen, doch ist dies nach Gegenden und Jahren etwas verschieden. Ferner ist wichtig, wie lange der Schnee durchschnittlich im Jahre liegt.

Großen Schaden kann in jüngeren Beständen auch der **Schneedruck** anrichten. Hier werden die betroffenen Bäume oft so stark gebogen, daß sie sich nicht wieder aufrichten. Schließlich können hohe **Schneeauflagerungen** auch in **Kämpen** und auf jungen Kulturen den Jungpflanzen schaden. Der Druckschaden wird hier erhöht, wenn die Kulturen stark verunkrautet sind, da mit dem Unkraut zusammen die Forstpflanzen niedergedrückt werden. Es wird dabei sekundär außerdem die Vermehrung einiger schädlicher Pilzarten gefördert.

Waldbauliche Maßnahmen gegen Schneebrüche sind die Begründung ungleichartiger und ungleichaltriger Bestände von widerstandsfähigen Holzarten bzw. Standortsrassen. Es empfiehlt sich, heimisches Saatgut zu verwenden. Auch sollte man die Bestände laufend gut pflegen. Durch Schneedruck umgebogene Bäume sind, wenn sie sich nicht mehr aufrichten, unterhalb der Krümmung zu köpfen. Bruch rechtzeitig aufräumen, um die Ausbreitung sekundärer Schädlinge (Borkenkäfer u. a.) zu verhindern.

Im Hochgebirge richtet der Schnee außerdem in Gestalt von **Lawinen** schweren Schaden an. Diesen muß besonders vorgebeugt werden, weil neben Bruchschäden im Walde vor allem auch menschliche Siedlungen und die Menschen selbst schwer gefährdet sind. So waren in **Österreich** innerhalb von 4 Jahren allein 213 Todesopfer durch Lawinen zu beklagen. Die Energien einer größeren Lawine können gewaltig sein. Die meisten durch Lawinen gefährdeten Gegenden sind seit langem bekannt. Durch veränderte Witterungsverhältnisse können aber Lawinen auch gelegentlich an anderen Stellen auftreten. Besonders spielt dabei die Windrichtung eine Rolle. Die meisten Lawinen bilden sich während der Zeit des Tauwetters. Im Winter kommen unter Umständen Staub- oder Oberlawinen zustande. Die Lawinen erzeugen eine sturmartige Luftbewegung, die ebenfalls zu Bruch in benachbarten Beständen führen kann. Innerhalb von Waldbeständen entstehen keine Lawinen. Deshalb hat das Herabdrücken der Waldgrenze zu einer Vermehrung der Lawinen geführt. Vorbeugend wirken **Lawinenverbauung** und **Aufforstung** bis in möglichst hohe Gebirgsregionen hinauf. Um schnellstens einen nachhaltigen Schutz zu erreichen, müssen möglichst technische und Lebendverbauung gekoppelt werden. Für die Wiederaufforstung dieser Höhenlagen eignen sich besonders Latsche, Zirbe und Eberesche. Weiter unten sind zu empfehlen Eberesche, Bergahorn, Mehlbeere und von den Nadelhölzern Fichte und Kiefer. Latschenbestände sind waagerecht zu durchhauen, da sie sonst nach vollkommener Bedeckung mit Schnee die Lawinenbildung nicht mehr verhindern.

Auf die technische Verbauung soll hier nicht eingegangen werden.

6. Eis. Gefrorenes Wasser kann in verschiedener Form auftreten und dementsprechend auch unterschiedliche Schäden hervorrufen. Außer dem bereits erwähnten Schneeschaden treten **Hagelschäden** auf, und zwar be-

sonders dann, wenn die Hagelkörner beträchtliche Größe erreichen (Schloßen). So wurden **1954** bei **Kamenz** scheibenförmige Eisstücke mit einem Gewicht bis zu 150 g beobachtet. Kleinere Pflanzen werden zerschlagen, Blätter, Nadeln und Zweige abgeschlagen und die Rinde an Stämmen und Ästen mehr oder weniger schwer verletzt. Der während der Hagelschauer meist herrschende Sturm treibt den Hagel von der Luvseite an die Stämme und schädigt sie hauptsächlich dort. Kiefernnadeln werden besonders leicht während ihrer Entwicklung an den Maitrieben geknickt. Die Schäden entstehen meist innerhalb weniger Minuten. Anschließend dringen oft holzzerstörende Pilze und Käfer in die Bäume ein. Zuwachsverlust, Entwertung des Holzes und Absterben der Bäume können die Folge sein. Verhindern läßt sich eine solche Katastrophe natürlich nicht. Stark geschädigte Stämme bzw. Bestände sind abzutreiben, da sie sich meist nur scheinbar erholen und später bei der Nutzung im Inneren des Holzes beträchtliche Schäden zeigen, die einen hohen Brennholzanfall bedingen. Außerdem ist der Zuwachsverlust unter Umständen beträchtlich, besonders natürlich bei Nadelholz, während das Laubholz die verlorengegangene assimilierende Fläche rascher wieder ersetzen kann.

Einen weiteren schädlichen Einfluß übt der Hagel auf den Boden aus, der, besonders wenn er unbedeckt ist, verdichtet wird, je nach Bodenart natürlich verschieden stark und nachhaltig.

Eis schadet ferner in Gestalt von **Rauhreif**, auch **Duft** genannt. Der Eisanhang bildet sich entweder durch Auftreffen von unterkühlter Luftfeuchtigkeit auf Zweige oder von kühler Luft auf unterkühlte Zweige. Das Gewicht des Anhanges beträgt das Vielfache des Zweiggewichtes (bei Kiefer bis zum 99fachen, bei Tanne nur bis zum 31fachen). Am gefährdetsten sind Höhenlagen von 600—900 m. Dies ist allerdings örtlich verschieden. In höheren Lagen setzt sich wegen tieferer Temperaturen der Rauhreif locker an, fällt also bei Luftbewegungen auch wieder leichter ab. Die dem Nebel zugewandten Kronenteile der Bäume und die Waldränder haben den dichtesten Behang. In Gebieten mit starker industrieller Rauchentwicklung ist die Rauhreifgefahr am größten (Kondensationskerne zur Nebelbildung). Hierzu gehören Teile des Erzgebirges und des Thüringer Waldes. Es brechen Stämme, Wipfel und Äste, und zwar, wie beim Schneebruch, als Einzel-, Horst- und Flächenbruch. Der Bruch wird in großem Umfang hauptsächlich beim Eintritt von Tauwetter beobachtet. Auch hier sind gefrorene Stämme widerstandsfähiger als aufgetaute. Treten Regen oder Schneefall hinzu, so erhöht sich der Schaden wesentlich. Von den Holzarten ist die Kiefer am meisten gefährdet, unter den Laubhölzern Birke und Buche. Auch Pappel, Robinie und Erle sind nicht viel widerstandsfähiger. Besser halten sich Ahorn, Eiche,

Abb. 3. Eisgangschaden an Rinde

Esche und Rüster. Vorbeugend wirken Erziehung standfester, tiefbekronter Bäume und frühe regelmäßige Durchforstung. Auch hier sind ungleichaltrige Mischbestände am widerstandsfähigsten. An allen gefährdeten Stellen muß Astung unter allen Umständen unterbleiben. Gefährdung durch sekundäre Schädlinge ist groß.

Der Zuwachs stärker gebrochener Bäume nimmt unter Umständen um ein Drittel des normalen ab. Die in unseren Mittelgebirgen anfallenden Mengen von Rauhreifbruchholz sind sehr beträchtlich. Rauhreif schadet auch deshalb sehr, weil durch ihn häufig Bestandesränder aufgerissen werden und der Sturm Eingang in die Bestände erhält.

Eisschollen in fließenden Gewässern **(Eisgang)** (Abb. 3) können, da meist gleichzeitig Überschwemmungen eintreten, die Rinde älterer Bäume verletzen und junge niederdrücken. Auf Überschwemmungsflächen mit stehendem Wasser bricht oft das Eis nach Abfluß des unter ihm stehenden Wassers und zerdrückt darunter befindliche junge Forstpflanzen.

7. Wasser. Besonders im Frühjahr, zu Zeiten der Schneeschmelze oder nach schweren Regengüssen (Wolkenbrüchen), bleibt oft auf größeren Waldflächen der Boden von Wasser mehr oder weniger hoch überstaut. Im Auwald fördern solche Überschwemmungen, wenn sie im üblichen Rahmen bleiben, das Gedeihen der Bestände. Eine allzu lange Überstauung des Bodens mit Wasser schadet aber allen Holzarten, ganz gleich, ob Jungpflanzen vollkommen vom Wasser überspült werden oder nur der Stammfuß bedeckt ist. Stehendes Wasser schadet mehr als fließendes, da im ersteren Fall eher Sauerstoffmangel eintritt. Holzarten mit dicker, rauher Borke sind widerstandsfähiger als glattrindige. Auch ist der Schaden während der Vegetationszeit schwerer als in der Winterruhe. Vollkommen vom Wasser bedeckte Jungpflanzen leiden meist am schwersten, besonders dann, wenn sie von dem mitgeführten Schlick inkrustiert

und ihnen damit die Atemmöglichkeiten genommen werden. Weiden- und Pappelheister werden auf solchen Flächen oft von der Überschwemmung umgeworfen. Sie sollen deshalb vorbeugend angehäufelt werden. Umgebogene junge Bäume, die sich nicht wieder aufrichten lassen, sind ebenso zu köpfen wie die vom Schneedruck geschädigten Eschenheister. Sie sind am besten auf den Stock zu setzen. Junge Erlenpflanzen ertragen im Winter eine monatelange Überschwemmung, junge Stieleichen halten sie wenigstens einige Wochen aus. Unter natürlichen Waldverhältnissen, z. B. an der Wolga, verteilen sich widerstandsfähige Holzarten nach der durchschnittlichen Länge der Überschwemmungszeiten längs der Flüsse. Dabei halten einige Weidenarten (*Salix triandra* Tr. und *S. cinerea* L.) sehr viel aus. Die Vernichtung ganzer Waldflächen alter Bäume bei anormal langer Überschwemmungszeit wird gelegentlich beobachtet. Die Rinde bräunt sich und stirbt ab. Die Wurzeln widerstehen meist verhältnismäßig lange, weil offenbar ihre Sauerstoffversorgung etwas länger funktioniert als die der Rinde der anderen Stammteile. In diesem Zusammenhang sind am widerstandsfähigsten Hainbuche, einige Pappelformen, Weiden und Weißerle (Anderlind). Ähnlich verhalten sich Birken, Lärche, Winterlinde, Hasel und junge Tannen.

An hochwassergefährdeten Stellen ist durch Anlage von Gräben für raschen Wasserabfluß zu sorgen. Dagegen ist an Hängen der Wasserabfluß zu hemmen. In der Nähe von fließenden Gewässern darf kein Holz gelagert werden, damit es vom Hochwasser nicht mit talwärts genommen werden kann, weil dies zu zusätzlichen Zerstörungen führen kann. Deshalb sollen auch breite Streifen unbepflanzt bleiben, und es müssen vom Wasser unterspülte, am Ufer stehende Bäume baldmöglichst gefällt werden. Wasserabschläge und Durchlässe bei Waldstraßen und -wegen sind freizuhalten. Überflüssiges Wasser ist auf trockene Stellen abzuleiten, um diese gleichzeitig zu bewässern. Die Strömungsgeschwindigkeit von fließenden Gewässern ist durch Staudämme oder Vertiefen des Gewässerbettes zu verlangsamen. Dadurch wird einerseits die Gefahr bei Hochwasser herabgesetzt und an Stellen mit Wasserbedarf die Bodenfeuchtigkeit der umgebenden Bestände erhöht. Bei unerwartet auftretendem Hochwasser müssen alle Waldarbeiter und Forstangestellten laufend für einen raschen Wasserabfluß sorgen. Sehr nützlich ist ein lebender Uferschutz durch Bepflanzen der Ufer, natürlich unter Einhaltung der oben erwähnten Zone, mit Baumreihen oder Schutzwäldern. Er hat sich bestens bewährt und ist auf die Dauer billiger als ein künstlicher Schutz. Kommt eine Großregulierung, z. B. Geradelegung von Flüssen, Großentwässerung, Kanalbauten, Talsperren in Frage, so ist dies nur von zentralen Stellen aus möglich. Ortstein und andere undurchlässige Schichten können unter Umständen senkrecht durchstoßen und damit der Abfluß des oberflächlich sich stauenden Wassers erreicht werden.

Wildbachschäden, wie sie in erster Linie in alpinen Lagen beobachtet werden können, aber ähnlich in Ausnahmefällen auch in unseren Mittelgebirgen auftreten, seien hier kurz erwähnt, weil sie nicht nur den Wald schädigen, sondern auch, gerade in etwas stärker besiedelten Gebieten, menschliche Siedlungen zerstören können. Dabei sind wiederholt zahlreiche Menschen (Gottleuba- und Müglitztal, 1927, 200 Tote) umgekommen. Hier schaden nicht nur das in rascher Bewegung befindliche Wasser, sondern auch mitgeführter Boden und Geröll (Geschiebe). Sie bedecken dann im Unterlauf der Wildbäche große Flächen und vernichten alles, was dort wächst. Je mehr Gebirgswälder geschlagen werden, um so größer wird die Gefahr. Wie erfolgreich die hauptsächliche Vorbeugungsmaßnahme, nämlich die Wiederaufforstung der höheren Gebirgslagen, ist, sieht man daraus, daß diese Maßnahme im Einzugsgebiet des Schmittenbachs bei Zell am See die

Geschiebemenge auf 6,5 % senken konnte. Der oberflächliche Abfluß des Niederschlagswassers sank um 60%. Man sieht daraus, daß sich diese an sich sehr schwierigen Maßnahmen lohnen.

8. Blitz. Der Blitz schlägt besonders in einzelstehende oder in mit ihrer Krone das umgebende Kronendach überragende Bäume ein, und zwar vorwiegend in Holzarten mit stark rissiger Borke, wie z. B. die Eiche. Auch ist Blitzschaden hauptsächlich an Stämmen zu beobachten, die mit ihren Wurzeln das Grundwasser erreichen. Der Schaden an den einzelnen Bäumen ist sehr verschieden. Er reicht von schmalen, oft kaum sichtbaren, bald wieder verwachsenden Blitzrinnen bis zur vollkommenen Spaltung der Bäume. Manchmal beschränkt sich eine solche Spaltung auch nur auf Äste. An vielen Bäumen kann man häufig trotz Blitzschlages keine Schäden finden. Es ist aber trotzdem anzunehmen, daß der Baum geschädigt wurde, ohne daß dies makroskopisch nachweisbar ist. So wurden nach Hartig nur 5 % der tatsächlichen Schäden früher erkannt. In Fichtenbeständen entstehen durch nachträgliches Absterben von Bäumen, die um den getroffenen Stamm herumstehen, „**Blitzlöcher**". An Nadelhölzern, Pappeln, Eichen, Robinien, Ulmen und Eschen kommt Blitzschaden am häufigsten vor. Die Meinungen über die Gründe, aus denen der Blitz bestimmte Holzarten bevorzugt, soweit es sich dabei nicht nur um eine Täuschung handelt, wie Hartig meint, gehen weit auseinander. Sie können hier nicht erörtert werden.

Eine Vorbeugung gegen Blitzwirkung ist nicht möglich. Stark geschädigte Bäume sind zu entfernen.

9. Luftbewegungen.

a) **Wind.** Auch geringere Luftbewegungen können, wenn sie anhaltend vorwiegend in gleicher Richtung wehen, auf Bäume einwirken. Dies gilt vor allem in Küstengebieten. So entwickeln Kiefern Fahnenkronen (Abb. 4). Exponiert stehende Fichten haben im Ge-

Abb. 4. Fahnenartige Kiefernkrone an der Ostseeküste
Phot. F. Kost, Eberswalde

Abb. 5. Windbeeinflußte Buchen an der Ostseeküste
Phot. F. Kost, Eberswalde

birge meist nur einseitig Äste. Auch ganze Bestände können auf der dem Wind zugewandten Seite niedrig sein und dann allmählich ansteigen. Die übermäßige Steigerung der Transpiration kann sich auf den Baum ebenfalls negativ auswirken. Verschiedene Holzarten reagieren unterschiedlich. Unter den Laubhölzern ist die Buche am windempfindlichsten (Abb. 5). Vor allem wird bei ihr das Höhenwachstum stark behindert. Das gilt ebenfalls für die Birke und Kiefer, wenn auch in etwas geringerem Maße. Erle und Fichte sind am widerstandsfähigsten. Bei letzterer ist aber die obere Hälfte der Krone auch innerhalb des Bestandes nicht windgeschützt. Windgeschädigte Bäume haben bei den Nadelhölzern auf der Luvseite eine geringere Jahresringbreite als auf der Leeseite (Entstehung von Druckholz). Die Laubhölzer verhalten sich dagegen gerade umgekehrt. Ebenso kann auf Kulturen der Wind schweren Schaden anrichten. Die Pflanzen sterben oft in großer Zahl ab oder haben einen wesentlich geringeren Höhenzuwachs. Einjährig gepflanzte Kiefern hatten nach drei Jahren unter Windschutz eine Mittelhöhe von 29,1 cm, im Wind dagegen nur 11,8 cm, wobei allerdings der Standort ebenfalls eine große Rolle spielt. Bei fehlendem Waldmantel treten auch Schäden innerhalb des Bestandes besonders am Boden auf.

Vorbeugend wirken der Anbau windharter Holzarten, wie Eiche, Erle, Pappel, Ulme, Weide, Tanne, Sitkafichte, Berg- und Schwarzkiefer, sowie Schaffung bzw. Erhaltung des Waldmantels (bis zum Boden geschlossen), Unterbau und Holzartenmischung.

Der Wind kann aber auch den Boden in Bewegung bringen oder aushagern. Das erstere geschieht hauptsächlich in Sandgebieten und führt vor allem an der Meeresküste, aber auch gelegentlich im Binnenland zu **Dünenbildungen**. Dünen ohne Bewuchs sind in ständiger Bewegung (**Wanderdünen**), sie begraben oft Wälder unter sich und gefährden mitunter Ortschaften. Sie müssen deshalb festgelegt werden. Dies geschieht zuerst durch Bestecken mit Kiefernzweigen, aufgespaltenem Knüppelholz oder notfalls in windgeschützteren Lagen mit Rohr in Rechtecken von 2 × 4 m. Die Größe dieser Rechtecke oder Quadrate richtet sich nach dem Böschungswinkel. Eine Abdeckung der Fläche am besten mit Reisig (Kiefer und Wacholder) oder Besenginster ist vorteilhaft, weil man damit ein Wegwehen des Sandes zwischen dem Besteck bzw. den Strandgräserbüscheln verhindert (60—80 m^3 Reisig auf 1 ha). Es werden dann **Dünengräser** angepflanzt (nicht gesät) und schließlich aufgeforstet. Meist werden zur ersten Bepflanzung **Strandgerste**, in manchen Gegenden auch **Strandhafer** genannt, und **Strandroggen**, den man auch mit **Strandrohr** bezeichnet, verwendet. Der Strandhafer hat einige meterlange Rhizome, die den Sand gut festlegen und eine Vermehrung sichern, während der Strandroggen Gabeltriebe entwickelt. Es empfiehlt sich aber, nicht beide Arten durcheinander auf der gleichen Fläche zu pflanzen, da dies zu Unebenheiten auf der Dünenoberfläche führen würde. Es muß davor gewarnt werden, ausländische Dünengräser zur Dünenfestlegung zu verwenden, da dies meist zu Mißerfolgen führt. Die Pflanzung erfolgt im Frühjahr oder Herbst in 20 cm Tiefe. Die Pflanzlöcher für die Aufforstung werden im Sommer vor der Pflanzung mit Schlick gefüllt und zum besseren Wiederauffinden mit Stäbchen markiert. An exponierten Stellen ist Bergkiefer zu verwenden, geschütztere Lagen können auch mit der Gemeinen Kiefer angebaut werden. An sehr windigen Stellen werden deren Nadeln durch die Sandkörnchen so stark verletzt, daß die Pflanzen eingehen. Die Bergkiefer dagegen hält sich nicht nur an solchen Orten, selbst wenn sie etwas übersandet wird, sondern ist auch widerstandsfähiger gegen sekundäre Schäden (Insekten, Frost, Hitze). Außerdem verbessert sie durch die in großen Mengen anfallende Nadelstreu sehr bald den Boden. Das **Saatgut** aller auf Dünen angebauter Holzarten soll möglichst von Dünenbeständen geerntet werden. Unter günstigeren Umständen kann Bergkiefer auch mit Gemeiner Kiefer gemischt werden. Unter Umständen sind zuvor künstlich **Vordünen** anzulegen, deren Höhe beschränkt sein muß, um Kosten zu sparen und die Wanderung des Sandes nicht ganz zu stoppen. Letzteres ist deshalb notwendig, weil der zur Festlegung der eigentlichen Düne angepflanzte **Strandroggen** mit etwas Sand überlagert werden muß, wenn er gedeihen soll. Vor der Festlegung sind die Dünen vorerst entsprechend vorzubereiten. So müssen alle Unebenheiten beseitigt werden. Bepflanzte Dünen sind gegen **Menschen** und **Weidevieh** zu schützen. Sehr wichtig ist auch ein ständiger **Kontrolldienst**, um etwa ein Durchbrechen der Vordüne rechtzeitig zu verhindern oder Durchbruchstellen, bevor sie sich erweitern können, zu schließen. Bei diesen Kontrollen sind auch entstandene Unebenheiten auf der Dünenoberfläche sofort einzuebnen, und ebenso ist auf Insektenfraß zu achten. Auf gefährdeten Flächen darf unter keinen Umständen die Streu entfernt werden.

b) **Sturm**. Windstärken von mehr als 8 der Beaufortschen Skala (16,5 m/sec.) bezeichnet man als Sturm. Es treten häufig, bedingt durch die Großwetterlage, Stürme auf, die sich über viele Länder erstrecken. Lokal begrenzte Stürme dagegen können scharf umgrenzte Schäden verursachen, wie dies beispielsweise bei sogenannten „Windhosen“ beobachtet wird. Erfreulicherweise sind Stürme mit sehr rascher Luftbewegung verhältnismäßig selten. Am häufigsten treten sie im Winterhalbjahr auf. Die Verwüstungen, die der Sturm am Walde anrichten kann, sind aber gewaltig. Oft fallen selbst auf verhältnismäßig kleinen Flächen in wenigen Minuten große Schadholzmengen an. Der Schaden besteht einerseits darin, daß durch Bruch viel Nutzholz verlorengeht und daß Bestände vernichtet werden, die ihr Erntealter bei weitem noch nicht erreicht haben. Dadurch wird die räumliche Ordnung im Revier weitgehend gestört. Die Sturmgefahr ist je nach den verschiedenen Gegenden unterschiedlich. Durch die Übernutzung unserer Wälder als Folge des Krieges und die dadurch bedingte starke Auflichtung der Bestände hat sich die Sturmgefahr wesentlich erhöht. Böen, Fallwinde im Gebirge, Erhöhung der Windgeschwindigkeit im oberen Teil sich verengender Täler sowie an deren Biegungen sind Ursachen für örtlich begrenzte Schäden. Es entstehen durch Windbruch oder Windwurf katastrophale Schäden. Dabei können Einzel-, Gassen- und Flächenbruch oder -wurf auftreten. Äste, Krone und Schaft können brechen. Auch werden durch das Peitschen und Schlagen der Äste aneinander oder an andere Gegenstände Nadeln und Blätter abgeschlagen. Der prozentuale Verlust kann sehr hoch sein. So berichtet ZENTGRAF von Fichten, die ca. 1/5 ihrer Nadeln auf diese Weise verloren haben, was natürlich zu einem beträchtlichen Zuwachsverlust führen muß (geschätzt auf 4,6 fm/ha). Schaftbrüche können besonders bei gefrorenem Boden häufig vorkommen, während **Windwurf** vorwiegend bei aufgeweichtem Erdreich und bei flachwurzelnden Holzarten zu beobachten ist. Wintergrüne Holzarten leiden am schwersten, da sie während der Winterszeit dem Wind mehr Angriffsfläche bieten. Stürme zur Zeit der Belaubung des Laubholzes richten natürlich bei diesem schwere Schäden an. Ferner muß noch darauf hingewiesen werden, daß bei verschiedenen Holzarten, z. B. der Grünen Douglasie, der Standort deshalb entscheidend ist, weil die Ausbildung der Wurzeln sich weitgehend danach richtet. Zur Winterszeit treten die meisten Stürme auf. Am schwersten wird die Fichte durch den Sturm gefährdet (Flachwurzler), allerdings kommt sie ja auch vorwiegend in Sturmgebieten der Gebirge vor. Dagegen sind Lärche und Kiefer weitgehend sturmfest. Von den Laubhölzern ist die Eiche am sturmsichersten, aber auch Ahorn, Esche, Linde und Ulme widerstehen gut. Pappel ist in den meisten Gegenden wenig widerstandsfähig.

Häufig sind aber auch stehengebliebene Bäume geschädigt. Bei vielen erkennt man dies leicht, da sie mehr oder weniger schief stehen, aber auch bei vollkommen normal aussehenden Bäumen können die zarteren Wurzeln geschädigt sein, so daß die Wasserzufuhr behindert ist. Diese muß man besonders im Auge behalten, da sie leicht von sekundären Schädlingen, in erster Linie von **Borkenkäfern,** befallen werden. Andererseits brechen leicht Stämme, die bereits anderweit geschädigt sind, z. B. durch **Rotwildschälung** oder **Rotfäule**. Das Stammholz kann auch im Inneren Schäden aufweisen, die erst nach Jahren bemerkt werden.

Da bei uns hauptsächlich mit Weststürmen zu rechnen ist, dürfen die Bestände nicht von dieser Seite her angehauen werden. Es muß dort der Bestandsmantel erhalten bleiben, sonst rollt der Sturm die Bestände auf. Dem Sturm von Jugend auf ausgesetzte Bäume passen sich an und sind wesentlich standfester als solche, die geschützt innerhalb der Bestände stehen. Der Sturm kommt aber auch gelegentlich aus anderen Richtungen und verursacht dann auch in so behandelten Gebieten schweren Schaden. Westränder werden im Gebirge, wie bereits erwähnt, auch oft durch Rauhreif- und Schneebruch aufgerissen. Durchlöcherte Bestände (durch Blitz, Insektenschäden, Schnee- und Duftbruch) sind besonders gefährdet.

Die Frage, inwieweit Bäume mit **Wipfelbruch** baldmöglichst geschlagen werden müssen, damit durch **Verpilzung** kein weiterer Nutzholzverlust eintritt, ist auch deshalb wichtig, weil man meist vorerst mit dem Aufräumen des Totalbruches und des Wurfes schon große Schwierigkeiten hat. FABRICIUS stellte fest, daß bei Bäumen, die noch 3/10 oder mehr ihrer Krone besaßen, der Fäulnisprozeß sehr langsam vonstatten geht. Man hat deshalb in diesem Fall mindestens 4 Jahre Zeit, ohne mit größeren Nutzholzverlusten rechnen zu müssen.

Vorbeugend wirken Erhaltung geschlossener Bestände, frühe und laufende Durchforstung und der Anbau sturmfester Holzarten. Feuchte Standorte sind möglichst zu entwässern, um die Standfestigkeit der Bäume zu erhöhen. Dabei ist darauf zu achten, daß die Grabensysteme auch in älteren Beständen auf solchen Standorten weiter offenzuhalten sind. Ferner sollte möglichst die Umtriebszeit bei wurfgefährdeten Holzarten (z. B. *Populus trichocarpa* HOECKER auf Lehm- oder Tonboden) herabgesetzt werden. Sturmbrecher sind zu entfernen. Nach dem Vorschlag des Oberförsters STOCK kann man Bestandsränder dadurch zu schützen versuchen, daß man bei den äußeren 4—5 Baumreihen von außen nach innen aufsteigend die Kronen köpft, um den Sturm nach oben abzuleiten. Bruchhölzer müssen schnellstens beseitigt oder wenigstens entrindet werden, um die Ausbreitung von sekundären Schädlingen, besonders **Borkenkäfern,** zu vermeiden. Letztere haben anschließend an Bruchkatastrophen oft mehr Schaden angerichtet als der Sturm. Entscheidend für die rechtzeitige Aufarbeitung von Windbrüchen sind eine gute Organisation sowie ausreichende Hilfskräfte, Geräte und Fahrzeuge.

II. Durch Bodeneigenschaften verursachte Schäden

1. Nährstoffmangel und -überschuß. Nährstoffmangel wird häufig hervorgerufen durch primäres Fehlen der betreffenden Stoffe im Boden oder durch deren Auswaschung. Auch der Mensch hat oft durch Entfernung der Streu aus dem Walde die Nährstoffe beseitigt. Neben geringerem Zuwachs findet man beim Fehlen verschiedener Stoffe, wie z. B. bei Kalimangel, bestimmte **Mangelerscheinungen** (Karenzerscheinungen), Vergilbung von Nadeln usw. Als Gegenmittel wird vor allem künftig die **Forstdüngung**, auch vom Flugzeug aus, eine große Rolle spielen.

Nährstoffüberschuß ist im Forst eine seltene Erscheinung. So schadet eine **Meerwasserüberflutung** des Waldbodens. Aber auch in Kämpen kann durch zu hohe **Düngergaben** eine Schädigung von jungen Forstpflanzen eintreten. So sind z. B. Fichtenpflanzen sehr empfindlich gegen zu hohe Chlorgaben. Ferner können der Boden und damit die in ihm wachsenden Pflanzen durch Industrieabgase geschädigt werden.

2. Wassermangel und -überschuß. Wassermangel tritt in niederschlagsarmen heißen Jahren in Gestalt der **Dürre** auf. Man beobachtet ihn besonders auf leichten Böden, an Südhängen usw. Die Nadelbäume vergilben und schütten in diesem Falle stark, verlieren also einen Teil ihrer Nadeln und können ganz absterben, oder sie erholen sich unter Zuwachsverlust wieder. Die Erscheinungen können leicht mit Rauchschäden verwechselt werden. Dies ist um so mehr dort der Fall, wo beide Ursachen nebeneinander auftreten. Das sind vor allem Bergwerksgelände und Industriegegenden. Das Absterben der Bäume kann auch erst in den nächsten Jahren in größerem Umfang eintreten. Laubbäume verlieren das Laub zeitiger und erleiden Zuwachsverlust, erholen sich aber meist wieder, falls die Dürreperiode nicht zu lange anhält. Laubbäume bzw. deren Äste sterben meist erst in dem auf das Dürrejahr folgenden Jahr ab. Die besonders in Tonböden häufig auftretenden **Trockensprünge** können, wenn sie tief in den Boden hineingehen (bis 60 cm), Wurzeln zerreißen, oder sie ziehen deren Rinde ab. Dadurch schädigen sie zusätzlich die Bäume. Es wird häufig auch die Ausbreitung sekundärer Schädlinge gefördert, so daß z. B. auf das Auftreten von **Borkenkäfern** genau zu achten ist. Ausgesprochene Dürrejahre waren u. a. die Jahre 1904, 1908, 1911, 1921, 1947, 1959, doch blieb auch in vielen Zwischenjahren der Niederschlag sehr gering. Entscheidend für die Höhe des Schadens ist aber nicht nur die Jahresniederschlagsmenge, sondern wichtig sind die Zahl der **Dürretage**, die sehr unterschiedlich sein kann, und die **Jahreszeit**, in der die Hauptdürre auftritt. Natürlich ist dies auch in den einzelnen Gegenden verschieden, vor allem spielt hierbei die Höhenlage eine beträchtliche Rolle. Ferner hängt die

durchschnittlich vom Boden in einem Jahr aufgenommene Flüssigkeitsmenge nicht immer von der Niederschlagsmenge ab. Wichtig ist z. B., ob das Schmelzwasser oder das Wasser von Regenfällen im Winter bzw. im zeitigen Frühjahr in den Boden eindringen kann oder ob der Boden zu dieser Zeit noch fest gefroren ist. Das Höhenwachstum unserer Waldbäume wird vom Niederschlag der Monate Juli—September des Vorjahres und Mai—Juni des betreffenden Jahres beeinflußt. So fand RUPF einen Höhenzuwachsverlust bis zu 80%. Nach SCHOBER sank das Dickenwachstum bis auf 50%. Der Schaden ausgesprochener Dürrejahre ist viel größer, als im allgemeinen vermutet wird. So fielen als Folge des Trockenjahres 1947 im Jahre 1948 in **Niederösterreich** in Fichten- und Tannenbeständen über 33000 fm Dürrholz an. 1949 waren es im selben Gebiet immer noch 4778 fm. Auch Jungpflanzen können in solchen Jahren in manchen Gegenden bis zu 100% absterben. Es handelt sich dabei oft um Millionen Pflanzen. Wenn sich die Pflanzen auch eine Zeitlang durch Verschluß ihrer Spaltöffnungen gegen das Vertrocknen wehren können, so gehen sie doch bei zu lang anhaltender Trockenheit zugrunde. Trockenjahre oder Eingriffe des Menschen, wie die Anlage von Wasserwerken, Industrieanlagen mit starkem Wasserverbrauch, Entwässerung, Bergwerke usw., führen eine oft endgültige **Senkung des Grundwasserspiegels** herbei. Dadurch werden die in einem solchen Gebiet stockenden Bestände schwer geschädigt, da sich ihr Wurzelsystem, besonders wenn sie bereits älter sind, nicht mehr auf den neuen Grundwasserstand einstellen kann. Die Bäume werden wipfeldürr und sterben schließlich ab. Zuvor können jahrzehntelang sekundäre Schädlinge an der Schädigung der Bestände mitwirken (z. B. **Kleine Fichtenblattwespe**). Auch sind manche **„Kettenkrankheiten“** primär auf Grundwassersenkungen zurückzuführen. Diese Bestände müssen abgetrieben und neu begründet werden. Durch solche Wasserentziehungen unterbleibt heute in den meisten unserer Auwälder die Frühjahrsüberschwemmung, die für das Gedeihen dieser Wälder notwendig ist. Das Kränkeln und Absterben der Bäume ist die Folge, letzteres unter Mitwirkung tierischer Sekundärschädlinge (Eschenschildläuse u. a.).

Außerdem gibt es noch einen **physiologischen Wassermangel**, bei dem das Wasser trotz seines Vorhandenseins vom Baum nicht aufgenommen werden kann. Dies tritt ein, wenn nur stärker salzhaltiges Wasser zur Verfügung steht, oder wenn der Boden bis in größere Tiefen fest gefroren ist.

Ältere Bestände und tiefwurzelnde haben eine größere Widerstandsfähigkeit als jüngere und Flachwurzler. Von den Holzarten sind sehr empfindlich Aspe, Bergahorn, Birke, Fichte, Lärche, Roterle und Weymouthskiefer, während wenig geschädigt werden Kiefer, Schwarzkiefer, Robinie, Roteiche, Spitzahorn, Traubenkirsche und Ulme. Bei Wassermangel in Mischbeständen wird der einen Holzart oft durch eine andere das Wasser stärker entzogen. So leidet Fichte mit Laubholz gemischt mehr als Reinbestände. Das gleiche gilt für die Esche in Eichenbeständen sowie für Weißerle zusammen mit Eiche. Erfahrungen von Trockenjahren sollte die Standortskartierung ausnutzen. Hierdurch könnte in Zukunft viel Schaden vermieden werden.

Vorbeugend sind die obengenannten, weitgehend dürreresistenten Holzarten auf dürregefährdeten Standorten anzubauen. Kahlschläge sind auf solchen Flächen zu vermeiden. In den Kämpen lassen sich leichter direkte Gegenmaßnahmen ergreifen, wie Unkrautbekämpfung, Hacken, Beschatten, Gießen usw.

Wasserüberschuß hat als Dauereinfluß nur auf versumpften Flächen eine größere Bedeutung. Da es sich hier meist um stagnierende Nässe handelt, wird der Baumwuchs stark behindert. Am ehesten gedeihen dort noch Kiefern.

3. Bodenbewegungen. Die durch den Wind verursachten Bodenbewegungen wurden bereits in Zusammenhang mit den Windschäden und die durch Wasser hervorgerufenen bei den Wasserschäden besprochen. Es treten aber außerdem in Gebirge noch **Erdrutsche**, **Steinschlag** usw. auf, von denen in unserem Mittelgebirge nur die ersteren in Frage kommen. Sie spielen aber in bewaldeten Gebieten auch nur eine untergeordnete Rolle.

4. Sonstige Schäden des Bodens. Die Erörterung dieser Schäden ist in erster Linie Sache der Bodenkunde. Es sei hier nur auf die gerade bei Waldböden häufige **Verdichtung** und **Versäuerung** des Bodens hingewiesen. Im ersteren Fall werden vor allem eine geordnete Durchlüftung des Bodens und ein normaler Wasserausgleich verhindert. Es wird auch die **Bodentierwelt** in ihrer Existenz geschädigt. In niederschlagsreichen Zeiten bleibt das Wasser oberflächlich stehen, in Trockenperioden wird solcher Boden sehr hart und trocken, und es entstehen Risse. Das auf solchen Böden flach entwickelte Wurzelwerk leidet schwer unter diesen Schwankungen. Starke Säuregrade stören die Entwicklung der Bodenlebewelt und damit den Abbau organischer Substanzen; sie führen gleichfalls zur Verdichtung des Bodens. Auch wird der Kalk unter Mitwirkung von Humussäuren leichter ausgewaschen und damit die Versäuerung ebenfalls verstärkt. Mächtige Rohhumusauflagen erschweren das Eindringen von Wasser in den Boden. Mineralstoffe lösen sich leichter und werden in die Tiefe abgeführt. Es tritt Nährstoffarmut in den für die Wurzel zugängigen Bodenschichten ein. Oft bildet sich eine **Ortsteinschicht**, die starke Feuchtigkeitsschwankungen an der Oberfläche verursacht. Man muß versuchen, diese zu durchstoßen, um einen Wasserausgleich zu erreichen. Durch Bodenbearbeitung, Düngung (Kalk) und waldbauliche Maßnahmen kann diesen Schäden vorgebeugt bzw. können sie bekämpft werden.

III. Durch Menschen direkt oder indirekt hervorgerufene Schäden

Der Mensch kann direkt und indirekt schädlich auf den Wald einwirken. Das erstere spielt meist keine so große Rolle, ist aber gelegentlich mit strafbaren Handlungen verbunden, wie Forstdiebstahl, Brandstiftung usw. Die indirekten Schäden sind aber um so wichtiger. Es handelt sich meist um Schäden, die durch vom Menschen geschaffene Werke und Einrichtungen hervorgerufen werden, wie Rauchschäden, Waldbrände durch Eisenbahnen u. a.

1. Kriminelle Vergehen. Eine große Rolle spielt besonders in stärker besiedelten Gegenden der **Forstdiebstahl**. Meist wird dabei Brennholz entwendet. Verbreitet ist aber in solchen Gebieten auch der Diebstahl von Weihnachtsbäumen und Schmuckreisig (besonders Weymouthskiefer und Douglasie). Der Douglasienanbau kann dadurch regelrecht gefährdet werden. Beim Stehlen von Weihnachtsbäumen ist der Schaden deshalb besonders groß, weil natürlich jeweils die am gleichmäßigsten gewachsenen Bäume genommen werden. Aber auch weniger wertvolle Dinge, durch deren Entfernung der Wald beträchtlich Schaden erleidet, wie Bodenstreu und Gras, werden gestohlen. Beim Entnehmen von letzterem auf Kulturflächen werden oft junge Forstpflanzen verletzt. Ferner werden Anlagen wie Hochsitze, Zäune, Feuerwachtürme, Schilder u. a. beschädigt, zerstört bzw. entwendet. Geringer ist der Schaden durch das unbefugte Sammeln von Leseholz, Beeren, Pilzen usw.

Bei Vergehen von Jugendlichen kann hier von Schule und FDJ erzieherisch eingewirkt werden, da oft nur Gedankenlosigkeit vorliegt. Vorbeugend zum Beispiel gegen Holzdiebstahl haben in Notzeiten die zuständigen Behörden die Bevölkerung ausreichend mit Brennholz zu versorgen. Hilft dies nicht, so muß auf gesetzlichem Wege eingeschritten werden. Es kann hier natürlich nicht auf sämtliche einschlägigen Gesetze eingegangen werden. Wichtig für den Forstangestellten ist, zu wissen, daß er nach der Verfahrensregelung zur Anordnung der Ergänzung der VO über gebührenpflichtige Verwarnungen vom 30.7. 1954 wieder das Recht hat, bei Übertretungshandlungen, die mit einer Geldstrafe bis zu 150,— DM oder Haft in den Strafgesetzen bedroht sind, gebührenpflichtige Verwarnungen zu erteilen. Allerdings sind dazu nur befugt, außer den Betriebsleitern, Abteilungsleitern, Betriebsassistenten, Oberförstern und Revierleitern, solche Angestellte und Arbeiter der Staatlichen Forstwirtschaftsbetriebe, die auf Vorschlag des Betriebsleiters im Einvernehmen mit der BGL vom Leiter der Unterabteilung Forstwirtschaft bestätigt wurden. Gebührenpflichtige Verwarnungen dürfen in Höhe von 1, 3, 5, 8 und 10 DM ausgesprochen werden. Dem Verwarnten wird eine ordnungsgemäß unterschriebene und gestempelte Quittung ausgehändigt. Stempel erteilen nur die Räte der Kreise und die Staatlichen Forstwirtschaftsbetriebe. Die Strafgelder sind spätestens bis zum 30. jeden Monats bei der zuständigen Dienststelle abzurechnen. Der Täter muß auf frischer Tat ertappt sein. Kann er nicht sofort zahlen, ist aber bereit dazu, so ist ihm eine Frist zur Zahlung von höchstens drei Tagen zu stellen. Will er dagegen nicht zahlen, so ist Anzeige zu erstatten. Die Benutzung von Äxten, Sägen, Messern, Spaten, Fahrzeugen, Lasttieren usw. erschwert meist die strafbare Handlung. Unter Forstdiebstahl fällt außer dem Diebstahl von Holz auch das Entwenden von Spänen, Abraum und Borke, sofern sich dieses noch nicht in einer umschlossenen Holzablage befindet oder nicht geworben oder eingesammelt ist, sowie von allen Walderzeugnissen, insbesondere Holzpflanzen, Gras, Heide, Plaggen, Moos, Laub, Streuwerk, Nadelholzzapfen, Waldsämereien, Baumsaft und Harz, sofern diese noch nicht geworben oder eingesammelt sind.

Strafverschärfend wirkt, wenn der Diebstahl an Sonn- und Feiertagen oder in der Zeit zwischen Sonnenunter- und Sonnenaufgang geschieht, der Täter sich unkenntlich gemacht hat oder die Angabe seines Namens und Wohnortes verweigert bzw. falsche Angaben macht oder flüchtet. Ebenso wirkt erschwerend, wenn z. B. Kien, Harz, Saft, Wurzeln, Rinde und die Haupttriebe vom stehenden Baum entnommen werden oder der Diebstahl in einem Kamp oder einer Schonung begangen wird. Der Diebstahlsversuch ist mit der vollen Strafe zu belegen. Eine erhöhte Strafe in Gestalt von einer Gefängnisstrafe bis zu 6 Monaten (neben einer Geldstrafe) kann verhängt werden, wenn der Forstdiebstahl von mehr als 2 Personen gemeinschaftlich verübt wird, wenn das gestohlene Gut veräußert werden soll und bei gewerbs- oder gewohnheitsmäßiger Hehlerei. Ferner tritt bei Rückfall innerhalb der nächsten 2 Jahre eine Geldstrafe vom 2—10 fachen Wert des Gestohlenen ein. Werkzeuge, die zum Diebstahl dienten, sind zu beschlagnahmen, wenn man den Täter bei oder kurz nach der Tat ergreift. Strafbar sind auch die Entfernung, Unkenntlichmachung oder Veränderung der Zeichen des Waldhammers oder Rissers. Auch die Öffnung und das Offenlassen der zur Sperrung von Wegen und Eingängen in eingefriedigte Grundstücke dienenden Tore sind strafbar, das gleiche tritt ein, wenn jemand, der zum Zuwerfen von Stockrodelöchern verpflichtet ist, diese nicht zuwirft. Leseholz darf nur von Personen entnommen werden, die einen gültigen Leseholzschein besitzen. Diese Scheine sind 1 Jahr gültig und kosten 1,— DM, für Rentner 0,50 DM. Dagegen ist das Sammeln von Pilzen und Beeren jetzt ohne Sammelschein erlaubt.

Auch das Betreten bestimmter verbotener Flächen, wie Schonungen, ist strafbar. Dieses Verbot braucht bei Schonungen nicht durch Verbotstafeln besonders bekanntgemacht zu werden. Aus Sicherheitsgründen dürfen auch Schläge, auf denen noch gearbeitet wird, nicht betreten werden, ein Verbot, das nach dem letzten Kriege ständig übertreten wurde.

Forstdiebstähle und sonstige Übertretungen lassen sich nur durch den Einsatz von ausreichendem Forstschutzpersonal verhindern.

2. Streu-, Gras-, Futterlaub- und Samennutzung. Von den genannten Nutzungen wirkt sich die der Streu am verheerendsten aus. Hierdurch wird die wichtigste Nährstoffreserve aus dem Wald herausgeschafft. Schon eine einmalige **Streunutzung** hat schlimmste Folgen. Die Bestände haben große Zuwachseinbußen, und der Boden erleidet nur schwer rückgängig zu machende Schäden. Durch das Freilegen der Bodenoberfläche wird der Boden besonders durch das direkte Auftreffen des Regens verdichtet. Das erschwert die Durchlüftung und schädigt die Bodenlebewelt. Dadurch werden die Umsetzungen im Boden verlangsamt. Diese Veränderungen sind äußerlich sichtbar durch die **Verarmung der Bodenflora**. In Westdeutschland sind die abgegebenen Streumengen noch recht beträchtlich. So wurden in den Jahren 1947 bis 1949 von den Bayrischen Staatswaldungen, außer der Rheinpfalz, 2,5 Millionen Ster (1000 m^3) Streu genutzt. Hessen gab 1949 auf einer Fläche von 7172 ha die Streu ab. Oft werden dabei die oberflächlich streichenden Wurzeln verletzt und dadurch der Schaden erhöht. Der Massenzuwachs wird durch Streunutzung oft auf 1/2—2/3 herabgedrückt, übrigens nicht nur bei Nadel- sondern auch bei Laubholz. So wurde für die Staatswaldungen in der Oberpfalz, in Mittel- und Oberfranken auf einer Fläche von 295 460 ha ein jährlicher Zuwachsverlust von 612 800 fm berechnet. Hinzu kommt, daß das Brennholzprozent auf streugenutzten Flächen beträchtlich steigt. In manchen Gegenden (Bayrischer Spessart) wird die Umtriebszeit herabgesetzt, um die Flächen früher streunutzen zu können. Es gibt dort nämlich eine Bestimmung, wonach die Streunutzung erst nach der Hälfte der Umtriebszeit begonnen werden darf. Die Forderung zur Streuabgabe wird meist

besonders in Jahren mit geringem Strohertrag gestellt, und zwar hauptsächlich in Gegenden mit besonders schlechten Bodenverhältnissen. Wird diesem Wunsche stattgegeben, dann wirkt sich gerade dort die Abfuhr der Streu aus den an sich schon schlechten Beständen besonders katastrophal aus. Erfreulicherweise sind die alten Streunutzung-Servituten bei uns größtenteils abgelöst. In Westdeutschland gibt es aber stellenweise noch solche, z. B. in einem Teil des Spessarts. Die Forderung nach Streuabgabe aus dem Walde taucht aber in Notzeiten immer wieder auf. Diese Nutzung hat demnach unter allen Umständen zu unterbleiben. Da der Vorteil der Landwirtschaft durch die Streunutzung nur 1/5—1/4 des Schadens beträgt, der dem Wald zugefügt wird, müßte dies jeder einsehen. Läßt sich aber eine Streunutzung in geringem Umfang nicht vermeiden, so ist sie an Wegränder, Schneisen usw. zu legen, weil dadurch unter Umständen die Waldbrandbekämpfung erleichtert werden kann. Es ist aber dringend zu empfehlen, bei Strohmangel in ausreichendem Maße andere Streumittel an die Landwirtschaft abzugeben. Es kommt dafür in erster Linie Torf in Frage. An Stelle von 2 Raummeter Streu benötigt man 75 kg Torf. Er hat vor allem den Vorteil, daß er die reichlich 4fache Wassermenge aufnehmen kann.

Auch die **Grasnutzung** entnimmt dem Wald Nährstoffe, aber in wesentlich geringerem Maße. Sie wirkt sich unter Umständen positiv aus, wenn gewissenhaft und vorsichtig arbeitende Personen sie auf vergrasten Kulturflächen zum Freistellen der Forstpflanzen durchführen. Dadurch wird auf solchen Flächen auch die Waldbrand- und Frostgefahr vermindert und der Unterschlupf für Mäuse beseitigt. Man muß aber das Wegschaffen des Grases aus den Kulturen mit Fuhrwerken verhindern.

Futterlaub darf nur von zum Abtrieb bestimmten oder bereits gefällten Bäumen gewonnen werden. Allerdings kann auch das Laub der beim Aufasten anfallenden Äste genutzt werden. Nach dem Feld- und Forstpolizeigesetz vom 1. 4. 1880 (GS. S. 230) und dem Gesetz vom 29. 3. 1933 (GS. S. 251), §21, wird mit Geldstrafe bis zu 150,— DM oder Haft bis zu 3 Tagen bestraft, wer abgesehen von den Fällen der §§ 15 und 26 unbefugt von Bäumen, Sträuchern oder Hecken Laub abpflückt oder Zweige abbricht, insofern dadurch ein Schaden entsteht.

Die **Samennutzung** ist für die Forstwirtschaft natürlich außerordentlich wichtig. Es werden aber oft die Samenbestände beim Besteigen der Bäume mit Steigeisen beschädigt, was möglichst vermieden werden muß. Die Bäume dürfen zum Zwecke der Samengewinnung auch nicht mit Äxten angeprellt werden, da dies Rindenverletzungen ergibt, die nicht sofort sichtbar werden. Das Abbrechen von Ästen muß ebenfalls unter allen Umständen vermieden werden. In allen Fällen anwendbare Leitern zum Samenpflücken im Forst gibt es leider noch nicht. Wo aber der Gebrauch von Leitern möglich ist, sollte man solche verwenden, denn nur so lassen sich Stammschädigungen vermeiden.

3. Fällungs-, Rücke-, Astungs- und Stockrodeschäden. Die ersteren entstehen bei der Durchforstung und dem Fällen von Überhältern durch Beschädigung benachbarter Bäume oder von Unterwuchs. Besonders letzterer wird bei unvorsichtigem Arbeiten schwerstens beschädigt. Hier ist eine vorbeugende Planung wichtig. Verjüngungslücken sind so anzulegen, daß man später das Holz des stehengebliebenen Altbestandes ohne Schäden aus der Verjüngung herausbekommt. Überhälter sind am besten bei hoher Schneelage zu entfernen. Allerdings darf kein Frost herrschen, da dann der Unterwuchs leicht splittert. Jungwuchs ist in Stammfußnähe des zu fällenden Stammes zurückzubiegen, mit Astgabeln anzupflocken oder mit Steinen zu beschweren. Es darf aber hinterher nicht vergessen werden, diese Beschwerungen wieder zu entfernen. Kronen sehr hoher Bäume, z. B. von Buchen,

können von Personen, die für diese Tätigkeit zugelassen sind, abgeschossen werden. Es gehört dazu eine große Erfahrung, da es darauf ankommt, daß die Kronen sich nach dem **Abschuß** senkrecht neben ihren Stamm setzen. Ferner sei darauf hingewiesen, daß man auch stehende Bäume vor dem Fällen entasten kann. Es darf aber nicht die gesamte Krone entfernt werden, da dann die Stämme zu rasch fallen und eventuell splittern. Der obere Kronenteil muß also noch am Stamm bleiben. Dabei ist bei der Kiefer zu beachten, daß nur die in der Stammverlängerung befindlichen Äste belassen werden müssen. Sind die verschiedenen Seiten des Stammes dagegen ungleich beastet, so drehen die letzteren sich im Fall. Abgeschnittene Äste sind auf verschiedene Stellen zu werfen, da sonst ebenfalls der Unterwuchs vernichtet wird.

Beim **Rücken** des Holzes werden vorwiegend die Stammfüße und flachstreichende Wurzeln verletzt und Unterwuchs vernichtet. An Hängen können von zu Tal gehenden Stämmen sogar noch stehende Stämme durchschlagen werden. Auch der Boden leidet mitunter dadurch Schaden. Ebenso kann das gebrachte Holz ausfransen oder splittern. Zur Jungwuchsschonung sind bereits vom Verjüngungsbeginn an **Rückelinien** im Altholz vorzusehen. Der Stammfuß des zu rückenden Holzes ist abzubeilen. Rückewagen, Rückehauben und eine Anzahl anderer Gerätschaften vermindern den Schaden. Das Rücken muß unbedingt vom Forstpersonal vorgenommen werden, da Betriebsfremde erfahrungsgemäß noch größere Schäden anrichten. Radschlepper mit Gummibereifung schonen den Unterwuchs mehr als Pferdezug. Der Schaden wird durch sekundäre Schädlinge beträchtlich verschlimmert. Das gilt vor allem für holzzerstörende Pilze, wie Rotfäulepilze, Hallimasch u. a.

Die günstigsten **Regenerationsverhältnisse** finden wir bei der Tanne. Auch bei der Fichte liegen die Verhältnisse nicht ungünstig, dagegen verheilen die Wunden der Kiefer und Lärche schwer. Im Inneren bleiben die Schäden aber auch bei den zuerstgenannten Holzarten erhalten. Der Fäulnisfortschritt im Stamminneren ist je nach Höhenlage, Alter, Holzart usw. sehr verschieden. Besonders herrschende Bäume erleiden hierdurch die schwersten Schäden. Man macht sich, glaube ich, nur selten klar, welche schweren Ausfälle auf Grund von Rückeschäden zu verzeichnen sind. In einem 110jährigen Bestand waren z. B. 42 % der Stammasse von 20 % der Stämme geschädigt. Jährlich waren auf einer Fläche von über 1000 ha 1470 fm anbrüchig. Man kann daraus ermessen, daß eine pflegliche Behandlung beim Rücken sich sowohl in materieller als auch finanzieller Beziehung lohnt. Rechtzeitig, bei trockenem Wetter angebrachte **Schutzanstriche** können eine Pilzinfektion verhindern (**Leibundgut**). Die Billigkeit dieses Verfahrens läßt es sehr empfehlenswert erscheinen.

Auch bei der **Astung** können bei unsachgemäßer Behandlung Schäden entstehen. Wir unterscheiden Grün- und Trockenastung. Die Grünastung darf nur bei jungen Birken, Pappeln, Lärchen, Tannen, Douglasien und unter Umständen bei Eichen und Kiefern vorgenommen werden. Meist kommt sie aber in erster Linie bei Wasserreisern in Frage. Gerade letztere können dadurch ungewollt hervorgerufen werden, daß die Grünastung sich zu hoch am Stamm hinauf erstreckt. Die Äste dürfen vorerst nur gestummelt werden. Die abgedorrten Stummel sägt man nach 2—3 Jahren ab. Die Trockenastung ist wesentlich verbreiteter. Sie wird vor allem bei den Nadelhölzern, besonders der Fichte, angewandt. Um Harzung zu vermeiden, muß der oberste abgestorbene Astquirl stehenbleiben. Während alte abgestorbene Äste jederzeit geastet werden können, sollen die in den letzten Jahren trockengewordenen Quirle bei Fichte nur außerhalb der Vegetationszeit abgeschnitten werden. Um Schäden zu vermeiden, ist eine Säge mit nicht flatterndem Sägeblatt zu verwenden. Größere Astwunden kann man bei einigen Laubhölzern mit Schutzanstrich versehen, um Pilzinfektionen, die gelegentlich auftreten, zu verhindern. Auch bei Trockenastung dürfen keine Selbstwerber eingesetzt werden. Mit Stoßeisen soll möglichst nicht gearbeitet werden. Man hat vor kurzem begonnen, **Astung mit chemischen Mitteln** (z. B. Wuchsstoffmitteln) durchzuführen. Es sterben hier nur die Äste ab, ohne daß der Stamm Schaden leidet.

Stockrodung dient in größerem Umfang zur Beschaffung von Brennholz. Dabei ist aber einiges zu beachten, um Schäden zu vermeiden. Erstens sollte die Stockrodung auf schwer durchlässigen Böden unterbleiben. Das gleiche gilt für die Rodung innerhalb von Beständen, bei der oft die Wurzeln der noch stehenden Nachbarbäume beschädigt werden, besonders wenn die Rodung Selbstwerbern überlassen wird. Auch an Hängen müssen die Stöcke im Boden bleiben. Auf Kahlschlägen in Gegenden mit lockeren Böden kommt die Rodung heute meist deshalb in Frage, weil sie den Einsatz von Maschinen bei der Kultivierung der Flächen ermöglicht. Stockrodung erweist sich auch unter Umständen bei Gefahr des Auftretens des **Großen Braunen Rüsselkäfers** als notwendig. Nach Erfahrungen des Verfassers ist aber von der **Sprengung** der Stöcke abzuraten, besonders wenn sich ältere Bestände in der Nähe befinden. Erstens wird dabei ein großer Teil des Oberbodens weit zerstreut, und es ist dann schwierig, die Stocklöcher vorschriftsmäßig wieder aufzufüllen. Außerdem konnten an den Randstämmen der benachbarten Bestände schwere Rindenbeschädigungen festgestellt werden, hervorgerufen durch Steine, die bei der Sprengung herausgeschleudert worden waren. Wichtig ist aber auch, daß die Selbstwerber verpflichtet werden, die Rodelöcher vorschriftsmäßig wieder zu füllen. Dabei müssen sie genau angewiesen werden, wie dies zu tun ist, da man diese Kenntnisse bei ihnen nicht unbedingt voraussetzen kann. Oft erleichtern sie sich die Arbeit dadurch, daß sie Reisig oder Heideplaggen in die Löcher tun und darüber den Boden schütten, was aber dazu führt, daß die auf diese Stellen gepflanzten Pflänzchen kümmern und oft vertrocknen. Der Unterboden muß wieder in die Tiefe und der Oberboden, möglichst gemischt mit Humus, obenauf. Der Boden soll sich über den ehemaligen Stocklöchern wölben und darf keine Mulden bilden. Diese Arbeit ist vom zuständigen Revierförster laufend zu kontrollieren.

4. Waldbauliche Fehler. Diese können unter Umständen eine sehr große Rolle spielen. Es ist aber nicht möglich, aus Raummangel, auf sie einzugehen, um so mehr als sie ja in erster Linie ein Thema für ausgesprochene waldbauliche Erörterungen sind (s. WAGENKNECHT —1954).

5. Waldbrand. Eine Schadensquelle, die jährlich ungeheure Werte im Forst vernichtet, ist der Waldbrand. 1947 betrug die Waldbrandfläche der Deutschen Demokratischen Republik 26 600 ha. Von 1951 bis 1957 erreichte die jährliche Schadenssumme in der DDR fast eine Million DM. Da der Schaden sich bei sehr großen Brandflächen aber nicht auf die Waldungen beschränkt, sondern innerhalb dieser Flächen gelegene menschliche Siedlungen, Mühlen usw. ebenfalls abbrennen können und dabei häufig auch Menschen ums Leben kommen, spielt die Verhinderung bzw. Bekämpfung solcher Brände eine besonders große Rolle. Es kamen z. B. bei einem Brande 1949 in Südfrankreich, dem 200 000 ha Wald zum Opfer fielen, über 100 Menschen ums Leben.

Meist werden diese Brände von Menschen direkt oder indirekt verschuldet. Soweit es sich um Brandstiftung handelt, gelten die hierfür erlassenen Strafbestimmungen.

Von 1951 bis 1958 waren von den Waldbränden in der DDR 1,5 % auf Brandstiftung, 18 % auf Fahrlässigkeit, 28,5% auf die Eisenbahnen, 6 % auf Generatoren und 19,5% auf sonstige Ursachen zurückzuführen. 26,5% mußten als ungeklärt gelten. Davon dürfte der größte Teil ebenfalls auf das Konto „Fahrlässigkeit" kommen. Das ist wohl auch der Grund für die Tatsache, daß in mit Menschen wenig besiedelten Gebieten der **Sowjetunion** die

Waldbrände am häufigsten in der Nähe menschlicher Siedlungen auftreten. In **Österreich** konnte in den Jahren 1875 bis 1931 nur 1 % der Waldbrände auf natürliche Ursachen zurückgeführt werden. In nahezu unbesiedelten Gebieten spielen die natürlichen Ursachen, wie z. B. der **Blitz** eine wesentlich größere Rolle. So entstanden nach SAARI in **Nordfinnland** 42 % der Waldbrände durch Blitz, im **Westen** der **USA** waren es sogar 97 %. Auch die Ursachen der vom Menschen direkt oder indirekt hervorgerufenen Brände sind je nach Jahreszeit verschieden. Dies wurde von ANZYSCHKIN (1954) für die **Sowjetunion** festgestellt. Während es im April das Verbrennen von Feld- und Schlagabraum ist, rufen im August Feriengäste, Jäger sowie Pilz- und Beerensammler die Brände hervor.

Wir unterscheiden als häufigste Erscheinung das **Bodenfeuer**, das durch Übergreifen auf die Baumkronen zum **Totalfeuer** werden kann. Weniger verbreitet sind das **Erdfeuer**, wobei Rohhumus- oder Torfflächen brennen, und das **Stammfeuer**, welches nur Einzelstämme (häufig hohle, morsche oder vom Blitz getroffene Stämme) betrifft.

Die Bestände können durch den Brand sofort abgetötet und weitgehend verbrannt werden. Oft sterben die Stämme eines vom Lauffeuer durchbrannten Bestandes aber auch erst nach einigen Jahren ab. Die Schädlichkeit eines Lauffeuers in älteren Beständen hängt von der Laufgeschwindigkeit des Feuers und der Dicke der Borke der Bäume ab. Die meisten Brände entstehen Ende des Winters in Gestalt von Bodenfeuern, da zu dieser Zeit die abgestorbenen, trockenen Unkräuter noch nicht vom frischen Grün überwachsen sind. Der **Kulminationspunkt** liegt in den jeweiligen Gegenden zeitlich verschieden. Dies können wir sogar innerhalb **Deutschlands** feststellen. Während er östlich der **Elbe** im Mai liegt, wird er in **Rheinland-Westfalen** bereits im März erreicht. Das gilt natürlich erst recht für verschiedene Höhenlagen im Gebirge. Großwaldbrände haben ihren Höhepunkt dagegen in den heißen trokkenen Hochsommermonaten. In unseren Breiten entstehen über die Hälfte aller Brände in der Zeit zwischen 13 und 17 Uhr. Vor 9 Uhr und nach 19 Uhr besteht meist nur geringe Gefahr, so daß Feuerwachttürme nur in dieser Zeit zu besetzen sind. Ferner ist natürlich die Witterung entscheidend für die Häufigkeit der Brände. Trockenheit und Hitze leisten den Bränden Vorschub. Nach GEIGER treten mindestens 4 Tage vor einem Großwaldbrand eine Temperaturerhöhung und ein rasches Absinken der Luftfeuchtigkeit (bis 20 % unter den Regelwert) ein. Das Luftdruckmaximum wird zwei Tage vor dem Brand erreicht, und die Windintensität nimmt zu. Im Herbst muß zu dieser Zeit eine größere Trockenheit herrschen als im Sommer. Die durchschnittliche **Laufgeschwindigkeit** des Feuers beträgt bei uns täglich ca. 1,2 km, kann aber sehr verschieden sein. Für die Laufgeschwindigkeit spielt auch die Tageszeit eine große Rolle. Während ein Feuer nachts oft kaum läuft, kann es tagsüber sehr rasch vordringen. Das Entscheidendste ist aber natürlich die Windstärke. Bei starkem Wind verhält sich die Ausbreitungsfläche wie 1:4, bei Windstille wie 1:1. Die **Zündbarkeit** und die **Brennbarkeit** von Beständen können sehr unterschiedlich sein. Es gibt leicht entzündbare, aber schwer brennbare Wälder, wie Niederwald im unbelaubten Frühjahrszustand oder vergraste Laub- und Nadelbaumhölzer im Frühjahr. Schwer entzündbar und leicht brennbar sind z. B. reine Nadelholzdickungen und Stangenhölzer vor Beginn der Astreinigung. WECK (1950) hat eine genaue Einteilung der Bestände nach diesen Gesichtspunkten vorgenommen. Sie ist wichtig zur Anfertigung der später noch zu erwähnenden Waldbrandkarten.

Fast alle Brände beginnen als Bodenfeuer. Kronenfeuer kann sich über eine größere Strecke nur halten, wenn auch Bodenfeuer vorhanden ist. Gelingt es, das letztere abzulöschen, so erlischt nach kurzer Zeit auch das Kronenfeuer.

Bestimmungen über die vorsätzliche und fahrlässige Brandstiftung sind enthalten im Bürgerlichen Gesetzbuch, §§ 823, 826, 829—832, 858 und 859. Die Vorschriften über den Brandschutz der Wälder, Heiden und Moore stehen im Strafgesetzbuch, §§ 308—310, 310 a und 368. Wichtig sind ferner das Gesetz zum Schutze vor Brandgefahren vom 18. 1. 1956 und die Gemeinsame Anweisung des Ministeriums für Verkehr und des Ministeriums für Land- und Forstwirtschaft über den vorbeugenden Brandschutz in Wäldern an Eisenbahnstrecken vom 20. 6. 1960. Die Vorschriften der ehemaligen Länder gehen häufig noch über die allgemeinen Bestimmungen hinaus. Hierzu gehören z. B. für bestimmte Gebiete (u. a. die ehemaligen Länder Brandenburg und Sachsen) erlassene Rauchverbote für das ganze Jahr. Die Anordnung, die das Rauchen auf Straßen mit mindestens 4 Meter breiter, befestigter Fahrbahn gestattet, müßte revidiert werden. Jedenfalls sieht man sehr oft, daß brennende Zigarren- oder Zigarettenstummel aus fahrenden Autos geworfen werden, die sehr leicht neben der Straße in den Wald fallen und dort Brände erzeugen können.

Vorbeugende Maßnahmen sind folgende: Ein Angehöriger der Dienststellenleitung der betreffenden Forstverwaltung ist zum **Brandschutzverantwortlichen** zu ernennen, der für alle den Waldbrand betreffende Fragen zuständig ist. Da Fahrlässigkeit als Brandursache die größte Rolle spielt, ist die **Aufklärung** der Bevölkerung von besonderer Bedeutung. Hierzu sind Presse, Rundfunk, Vortragstätigkeit, Schulunterricht, Plakate usw. heranzuziehen. Auf den Plakaten ist die nächste Waldbrandmeldestelle (mit Fernsprechnummer) anzugeben. In den Forstdienststellen ist neben den Fernsprechern ein **Alarmplan** anzubringen. Forstpersonal und Feuerlöschpolizei sollten **Waldbrandlöschübungen** abhalten. Jede Forstdienststelle ist ausreichend mit **Feuerlöschgeräten** zu versehen, die mit roten Ringen gekennzeichnet sind und für andere Zwecke nicht verwendet werden dürfen. Die Einrichtung kleiner **meteorologischer Stationen**, die über das Land verteilt werden, erleichtert eine **Waldbrandvorhersage**. Diese ergeht für die Allgemeinheit über den Rundfunk. Außerdem werden je nach Größe der Gefahr die **Waldbrandwarnstufen** I—IV ausgelöst. Auf Grund der Verfügung zur Auslösung der Waldbrandwarnstufen vom 20. 5. 1960 löst die Warnstufen I—II der Leiter des Staatlichen Forstwirtschaftsbetriebes oder sein Stellvertreter aus. Im Bedarfsfalle ist auch der Oberförster berechtigt, in seinem Bereich diese Warnstufen auszulösen, herauf- oder herabzusetzen. Er muß aber das Volkspolizeikreisamt und den Staatlichen Forstwirtschaftsbetrieb sofort davon benachrichtigen. Die Warnstufen III und IV löst der Leiter der Abteilung Landwirtschaft, Erfassung und Forstwirtschaft des Rates des Kreises oder Bezirkes aus. Ausgesetzt dürfen alle Warnstufen nur von demjenigen werden, der sie ausgelöst hat. Es gibt für die Auslösung bestimmte Kriterien, die voraussichtlich auf Grund der bisherigen Erfahrungen in der nächsten Zeit revidiert werden müssen. Sie können hier nicht eingehender erörtert werden und sind in obiger Verfügung nachzulesen. Sehr wichtig ist ferner die Anfertigung einer **Waldbrandkarte**. Sie muß enthalten: die Zünd- und Brennbarkeit der einzelnen Bestände (nach Gefahrenklassen eingeteilt), die Waldbrandriegel, die Wege und Straßen mit Angabe ihrer Fahrbarkeit, Gerätedepots, Forst- und Feuerlöschpolizeidienst- und Feuermeldestellen, Wasserentnahmestellen usw. Die Karten müssen im Besitz aller für die Waldbrandbekämpfung Verantwortlichen sein. Die **Gefahrenklassen** nach Weck werden folgendermaßen charakterisiert: Gefahrenklasse A sind Gebiete, in denen auf je 100 000 ha im langjährigen Durchschnitt eine Brandfläche von mehr als 50 ha festgestellt wurde, in Gefahrenklasse B 5—15 ha und in C weniger als 5 ha. Nach dieser Einteilung gehören zur ersteren Klasse in der **Deutschen Demokratischen Republik** die Bezirke **Cottbus, Frankfurt, Potsdam** sowie Teile der Bezirke **Dresden, Halle, Leipzig, Magdeburg** und **Neubrandenburg,** ferner die Talsandgebiete von **Pasewalk** bis **Ueckermünde,** außerdem Waldungen zwischen **Haldensleben—Gardelegen—Salzwedel.** Zu C gehören die **Mittelgebirge** und die Wälder in der Nähe der **Ostseeküste.**

Waldbrandriegel sind schon von der Forsteinrichtung einzuplanen. Sie können bestehen aus Seen, Flüssen und holzfreien oder mit kaum brennbarem Wald bestandenen, mindestens 300 m breiten Flächen. Schmalere, mindestens 30 m breite Streifen dieser Beschaffenheit sind nicht absolut sichere Riegel, da dort immerhin die Gefahr besteht, daß das Feuer überspringt. Zu solchen bedingten Waldbrandriegeln rechnet man nach Weck: 1. Riegel von der Beschaffenheit der Riegel, aber geringerer Breite; 2. Eisenbahnstrecken, breite Wege, Straßen, Steilhänge und Bäche; 3. Laubholzbestände, die nur unbelaubt ein Bodenfeuer ermöglichen. Wo Riegel fehlen, muß versucht werden, z. B. durch Aufastung und ähnliche Maßnahmen, Notriegel zu schaffen.

In durch Waldbrand stark gefährdeten Gebieten, z. B. in Kiefernreinbeständen, ist ein Netz (Entfernung 4—6 km) von 30—35 m hohen **Feuerwachttürmen** (Abb. 6) mit Richtkreis und Fernsprechanschluß zu schaffen. In der **Sowjetunion** wird seit einiger Zeit ein **metallener Feuerwachtmast** mit Fahrstuhlprinzip verwendet. Er wird aber immer nur kurzfristig benutzt. Ein längerer Aufenthalt ist darauf nicht möglich. S. Lange (mündliche Mitteilung) empfiehlt eine Kombination der bei uns konstruierten Metalltürme mit diesem Mast. **Brandmeldungen** von 2 Türmen mit Richtungsangabe ermöglichen die genaue Festlegung der Brandstelle.

Besondere Feuerquellen, wie Eisenbahnen, Landstraßen, Kohlenmeiler usw., sind mit **Wundstreifen** zu umgeben. Dabei genügt für Landstraßen jederseits ein Wundstreifen, der allerdings für Fußgänger ungangbar gemacht werden muß. Eisenbahnstrecken werden beiderseits von **Kienitzschen Eisenbahnschutzstreifen** umgeben

Abb. 6. Feuerwachtturm aus Holz
gez. D. Völter, Eberswalde

(Abb. 7). Es handelt sich dabei um beiderseits der Eisenbahnstrecken verlaufende, jeweils doppelte Wundstreifen, die in Abständen von 20—40 m durch senkrecht oder schräg dazu verlaufende Wundstreifen verbunden sind. Die dazwischen liegenden Flächen sind vorwiegend mit Kiefer aufzuforsten, deren Kronen die Funken der Lokomotiven auffangen sollen. Zu diesem Zweck muß das Kronendach gut geschlossen bleiben. Auch darf kein Bodenbewuchs auf diesen Flächen geduldet werden. Birken sind hierfür ungeeignet, weil sie im zeitigen Frühjahr kein Laub tragen und deshalb nicht als Funkenfang dienen können. Die **Kienitzschen Schutzstreifen** müssen beiderseits von Bahnlinien jeweils einen mindestens 25 m breiten Streifen schützen. An besonders gefährdeten Streckenteilen, z. B. stark ansteigenden Stellen, scharfen Kurven usw., sind unter Umständen doppelte Kienitzsche Schutzstreifen anzubringen. Die derzeitigen Schutzstreifen erfüllen ihren Zweck meist nicht ganz und sind deshalb baldmöglichst zu erneuern. Bei Strecken, die nur von Elektro- oder Diesellokomotiven befahren werden, genügt in 15 m Entfernung ein 3 m breiter Wundstreifen. Spätestens 3—4 Wochen nach Beendigung der Frostperiode bzw. nach Weggang des Schnees sind die jährlichen **Unterhaltungsarbeiten** zu beenden. Laut § 14 der genannten Anweisung haben den größten Teil der Kosten die Forstdienststellen zu tragen, denen dafür Etatmittel zur Verfügung zu stellen sind. Die Anweisung regelt auch die Anbringung von **Funkenflugschutz** bei Lokomotiven, eine Bestimmung, die bei der gegenwärtigen Brikettfeuerung sehr wichtig ist. Außerdem empfiehlt es sich, in den Hauptgefährdungszeiten eine **2-Mann-Streife** mit Fahrrädern, Schaufeln usw. diese Strecken befahren zu lassen. Zur Gestellung solcher Streifen sind außer den Staatlichen Forstwirtschaftsbetrieben die Deutsche Reichsbahn, die Eigentümer von Genossenschafts- und Privatwald sowie alle juristischen Personen, die Wald besitzen, und Betriebe mit Anschlußbahnen in Waldgebieten verpflichtet.

Kleinere Brände werden von den Zwei-Mann-Streifen selbst gelöscht, bei größeren holt ein Mann Hilfe herbei, während der andere selbst löscht und vorüberkommende Personen mit einsetzt. Dieser Aufforderung hat jedermann, soweit er dazu imstande ist, Folge zu leisten. Sehr große, sehr wenig besiedelte Flächen (in der SU und USA) werden von **Flugzeugen** überwacht. Bei der Entdeckung von Waldbränden werden Löschmannschaften und -geräte mit Flugzeugen herangeschafft, oder es wird auch aus der Luft gelöscht. Es hatte sich nämlich gezeigt, daß in dünn besiedelten Gebieten zwar, wie wir sahen, wenig Brände entstehen, daß der Schaden aber um so größer ist, da die Brände bisher meist sehr spät erkannt wurden und dann aus der näheren Umgebung keine Menschen zum Löschen herangeschafft werden konnten. Dies hat sich seit dem Einsatz von

Flugzeugen grundlegend geändert. Die Waldbrände sanken in der **Sowjetunion** in den Jahren 1952—1957 auf 54% der Jahre 1936—1940, in **Nordamerika** auf 21%. Von 1915 bis 1925 sank die Waldbrandfläche in Nordamerika pro 100 000 ha von 202 auf 78 ha jährlich.

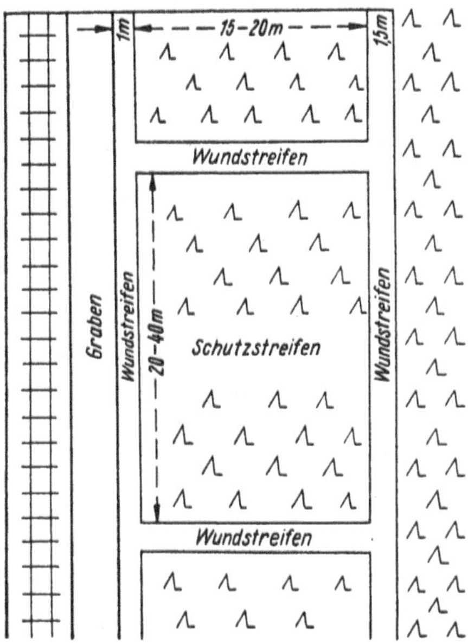

Abb. 7. Klenitzscher Eisenbahn-Feuerschutzstreifen
Gez. D. Völter, Eberswalde

Die Waldbrandgefahr ist bei den einzelnen Holzarten verschieden groß. Das gleiche gilt für die verschiedenen Altersklassen. Aus älteren preußischen Statistiken geht hervor, daß die von Vollfeuer vernichteten Bestände zu 69% aus 1- bis 40jährigen Kiefern, zu 18% aus über 40jährigen Kiefern, zu 7,5% aus 1- bis 40jährigen Fichten und zu 0,5% aus über 40jährigen Fichten sowie zu 5% aus Laubhölzern bestanden. Das erweckt den Anschein, als ob die Fichte weniger gefährdet sei als die Kiefer. Das entspricht aber nicht den Tatsachen. In

Wirklichkeit liegen die relativen Gefährdungsziffern, wenn man diejenigen eines über 40jährigen Fichtenbestandes mit 1 bezeichnet, bei einem 1- bis 40jährigen Kiefernbestand bei 8,7 und im Laubwald bei 2,7. Diese Unstimmigkeit ergibt sich dadurch, daß die Kiefernbestände hauptsächlich in den trockenen Ebenen, Fichtenbestände in feuchten Gebirgen überwiegen.

Zum **Löschen** kleiner Bodenfeuer kann man Feuerpatschen, Schaufeln oder Zweige verwenden. Bei Großbränden liegt die **Bekämpfungsleitung** unter allen Umständen in den Händen eines mit den Örtlichkeiten vertrauten Forstmannes. Ein solcher Waldbrand muß von den Seiten eingeengt werden. Die Bekämpfung von Front aus ist höchstens abends, nachts und am frühen Morgen möglich. Es muß versucht werden, die Front des Feuers nach einem Riegel abzudrängen. Zu Bodenverwundungen benutzt man den Spaten oder, wenn möglich, den Pflug. Werden in Dickungen oder jüngeren Stangenhölzern Gräben ausgehoben, so ist der Boden nach dem Feuer hin auszuwerfen. Außerdem sind beiderseits des Grabens in breiten Streifen Bäume zu fällen, und zwar stets vom Graben weg. In besonders schwierigen Fällen sind **Gegen-** oder **Vorfeuer** anzulegen, die die brennbaren Stoffe vor der Feuerfront beseitigen und so dem Feuer die Nahrung nehmen. Gegenfeuer werden von einem Isolierstreifen aus angelegt, dabei müssen ausreichende Hilfskräfte einen Funkenüberflug verhindern. Bei mittlerer Windstärke muß das Gegenfeuer mindestens 150—200 m von der Feuerfront entfernt entzündet werden. Das Gegenfeuer wird schließlich rasch in den Brand hineingezogen und bringt ihn zum Erlöschen, wenn alles planmäßig verläuft. Es ist aber größte Vorsicht geboten, damit das Feuer nicht davonläuft. Das Vorfeuer wird in mehreren Etappen angelegt. Es brennt nicht gegen, sondern mit dem Winde. Die einzelnen Etappen sind meist 10, 15 und 20 m breit, doch können die Breiten nach Bedarf geändert werden.

Die Brandleitung muß sich auf Grund der Feuergeschwindigkeit und der Anzahl der verfügbaren Arbeitskräfte ein genaues Bild von den Löschmöglichkeiten machen. Bei Erdfeuern ist auch die das Feuer umgebende Fläche in weitem Umkreis abzusperren, damit Mensch und Tier nicht einbrechen.

Die **chemischen Löschverfahren** spielen bei uns erst in kleinerem Maßstab eine Rolle. Es ist aber anzunehmen, daß sie künftig an Bedeutung gewinnen werden.

Da in den letzten Jahren sich in immer größerem Umfang auch **Löschzüge der Feuerlöschpolizei** an der Waldbrandbekämpfung beteiligt haben, sei auch hierüber einiges gesagt. Die Fahrzeuge müssen selbstverständlich möglichst geländegängig sein. Vorteilhaft ist dabei ein Allradantrieb wie beim Tanklöschfahrzeug TLF 15. Je nach den Umständen sind entweder Fahrzeuge mit großem Wasserfassungsvermögen oder solche mit großem Schlauchvorrat vorteilhafter. Am besten ist natürlich beides, weil sich beim Ausrücken der Wehr die Einzelheiten des jeweiligen Falles meist noch nicht übersehen lassen. Des größeren Schlauchvorrates und der zahlreicheren Löschgeräte wegen sind Löschanhänger oder Schlauchwagen oft recht vorteilhaft, wie der Löschanhänger TS 8 und der Schlauchwagen S 3 auf 3 A. Ersterer läßt sich an jedes Fahrzeug anhängen, weshalb man ihn verhältnismäßig oft bei Dorffeuerwehren antrifft. Nachteilig ist aber, daß auf ihm kaum Geräte und Schläuche transportiert werden können.

Nach Ablöschen des Feuers sind **Brandwachen** aufzustellen, die ihren Posten nur auf Anordnung der Brandleitung verlassen dürfen. Aufkommender Wind kann ein weitgehend gelöschtes Feuer wieder entfachen, wenn dies nicht rechtzeitig verhindert wird.

Nicht nur die **Räumung von Waldbrandflächen**, zumal von Dickungen, bereitet große Schwierigkeiten, sondern auch die Wiederaufforstung ist manchmal nicht ganz leicht. Die Ascheauflage verhindert häufig ein Eindringen des Wassers in den Boden. Deshalb ist in solchen Fällen

Vollumbruch zu empfehlen. Auch tritt gelegentlich Stickstoffmangel ein, der durch Mitanbau von Lupine, Robinie und Erle behoben werden kann.

6. Rauch. Durch das ständige Anwachsen der Industrie spielen die Einflüsse, die wir als Rauchschäden bezeichnen, eine immer größere Rolle. Es werden natürlich auch recht beträchtliche Rauchmengen vom Hausbrand abgegeben, doch bilden diese keine so große Gefahr, weil sie schon bei ihrer Abgabe aus einer Vielzahl von Schornsteinen der Wohnhäuser gut verteilt werden, während die Schornsteine der Industrie den Rauch in großen Massen örtlich konzentriert abgeben. Hinzu kommt allerdings, daß der erstere auch weniger pflanzenschädliche Stoffe enthält. Ähnlich liegen die Verhältnisse beim Lokomotivenrauch.

Der Rauch besteht aus festen, flüssigen und gasförmigen Bestandteilen. Die ersteren können, falls sie z. B. wasserlösliche ätzende Stoffe enthalten, wenn sie sich in dicken Rußschichten auf Blättern und Nadeln abgelagert haben, ebenfalls schaden. Dies kommt aber nur verhältnismäßig selten vor. Am schädlichsten wirken auf die Pflanzen einige gasförmige Bestandteile des „Rauches". Vor allem ist in diesem Zusammenhang SO_2 zu nennen, da es auch am weitesten verbreitet ist. Außerdem kommen hier in Frage Fluor, Chlor, eine Reihe von Säuren und Ammoniak. Das in den Abgasen, besonders von Hüttenwerken, oft in großen Mengen enthaltene Arsenik interessiert in erster Linie die Jäger, Bauern und Imker, da es vor allem Tiere schwer schädigen kann. So hat Prell, besonders bei Rotwild, solche Schäden nachgewiesen, die zum Haarverlust und bei kleineren Wildarten (z. B. Hasen) sicher auch zum Tode führen können. Es ist aber für unsere Erörterungen weniger von Bedeutung. Dafür kann den Pflanzen aber auch in der Nähe von Kaliwerken der Salzstaub, der sich auf den Assimilationsorganen der Bäume auflagert, beträchtlich schaden. Auf Grund von Ziegers Ermittlungen im Jahre 1954 war damals in der DDR eine Waldfläche von 8000—10 000 ha schwer rauchgeschädigt. Diese Schäden dürften sich inzwischen weiter ausgebreitet haben. Hauptgefahrenquellen sind Hüttenwerke und chemische Fabriken, aber auch Zellulose-, Superphosphat-, Emaillierwerke und neuerdings verbreiten Glasfabriken schädliche Gase, letztere deshalb, weil jetzt statt Soda Glaubersalz (Natriumsulfat) dort Verwendung findet.

Schwefeldioxyd schadet schon in einer Verdünnung von 1:500000—1:1000000, Flußsäure erst bei 1:300000 und Salzsäure sogar erst bei 1:150000. Temperatur, Feuchtigkeit, Assimilationsintensität u. a. können die Wirkung abschwächen oder verstärken.

Die Gase wirken meist als **Assimilationsgift** direkt auf die Pflanzen, oder sie vergiften den Boden. Die betroffenen Blätter und Nadeln vergilben im allgemeinen, allerdings verhalten sich die verschiedenen Holzarten nicht gleich, und auch die einzelnen Bestandteile der Abgase können unterschiedlich wirken. Am schwersten leiden einige Nadelholzarten, wie Fichte und Tanne. Die älteren Nadeljahrgänge fallen vorzeitig ab, die Assimilationsfläche verkleinert sich dadurch, und schließlich wird der Baum dürr. Keimpflanzen sterben gleichfalls in vergifteter Erde ab. Am empfindlichsten sind Eschenkeimlinge. Der Schaden kann chronisch, also allmählich, langandauernd auftreten, wobei der **Nachweis** besonders schwierig ist. Akuter Schaden geht meist auf ein Ausstoßen größerer Giftmengen in kürzerer Zeit zurück. Die typischen Erscheinungen sind demnach sehr bald sichtbar.

Der einwandfreie Nachweis von Rauchschäden ist schwierig. Im Schadgebiet sind wiederholt Proben zu entnehmen und Ortsbesichtigungen anzuberaumen. Chemie, Botanik und andere Wissenszweige müssen dabei zusammenarbeiten. Mikroskopisch läßt sich anfangs ein Schrumpfen der Chlorophyllkörner wahrnehmen. Sogenannte **Testpflanzen**, wie Rhabarber, Hirtentäschelkraut u. a., reagieren in vergifteter Luft und geschädigter Erde. Die übrigen Schnellmethoden, wie z. B. die **Sonnenprobe**, sind unsicher. Letztere beruht darauf, daß geschädigte Zweige, die man abschneidet und der Sonne aussetzt, rascher trocknen sollen als gesunde. Die **Untersuchung der Luft** wäre an sich ein sicheres Verfahren. Leider läßt sich dies in den meisten Schadensfällen nicht anwenden, da die Luft keine schädigenden Stoffe mehr enthält, wenn der Schaden sichtbar wird. Noch schwieriger ist es, in Industriegebieten, in denen die Werke nahe beieinander liegen, die Fabrik festzustellen, die für einen Schaden verantwortlich gemacht werden muß. Das ist aber gerade wichtig, wenn man versucht, den Schaden abzustellen. Es gibt eine Anzahl Apparaturen, mit denen sich der SO_2-Gehalt der Luft chemisch feststellen läßt.

Rauchempfindlich sind Fichte, Tanne, Weymouthskiefer, Esche, Hainbuche und Linde, rauchhart sind meist Eibe, Kiefer, Lärche, Wacholder, Ahorn, Birke, Buche, Eiche, Erle, Pappel, Ulme und Weide. Allerdings ist dies auch je nach Standort etwas verschieden. Rauchgeschädigte Bäume sind nach MÜNCH frostempfindlicher.

Es besteht Gefahr, daß Rauchschäden mit Frost-, Dürre- und Pilzschäden verwechselt werden, allerdings haben Nadeln, die Pilzbefall zeigen, meist dunkle Flecken.

Um schwerere Schäden zu vermeiden, muß ein Kompromiß gefunden werden, da das Anwachsen der Industrie eine volkswirtschaftliche Notwendigkeit ist. Einerseits muß von der Industrie, auch im Interesse der **Volksgesundheit**, alles getan werden, was eine weitgehende **Reinigung der Industrieabgase** gewährleistet, soweit es wirtschaftlich einigermaßen tragbar ist. Es gibt hierzu eine Reihe von Verfahren. Allerdings ist gerade die Entfernung des SO_2 recht schwierig und noch nicht zufriedenstellend gelöst. **Rauchschadenskommissionen**, in denen Vertreter aller beteiligten Kreise vertreten sind, können hier Nutzbringendes leisten. Die anzuwendenden Bestimmungen sind in den §§ 903 und 907 des Bürgerlichen Gesetzbuches enthalten. Die Forstverwaltung hat ihrerseits dafür zu sorgen, daß die gefährdeten Waldgebiete in erster Linie mit rauchharten Holzarten angebaut werden. Jedoch muß man sich darüber im klaren sein, daß in solchen Fällen stets eine Ertragsminderung eintritt.

7. Schäden durch Schädlingsbekämpfungsmittel. Zur Zeit werden im Forst Insekten-, Mäuse- und Unkrautbekämpfungsmittel angewandt. Während die in der **Insektenbekämpfung** früher verwendeten Gelbstäubemittel (Dinitroorthokresol) schwere Verbrennungen an Blättern und Nadeln von Maitrieben von Nadelhölzern, bei stärkerer Dosis sogar an Altnadeln, hervorriefen, schaden unsere heutigen Insecticide, (DDT-, Hexa- und Phosphorestermittel) den Pflanzen kaum. Auch für die **Mäusebekämpfungsmittel** (Toxaphen) gilt das gleiche. Eine Ausnahme ist bei den Hexamitteln zu berücksichtigen. Wendet man diese zur Engerlingsbekämpfung an, so vertragen zwar die Kiefernwurzeln eine direkte Berührung mit den Hexamitteln, bei anderen Holzarten ist aber in dieser Hinsicht Vorsicht geboten.

Bei der Anwendung von **Unkrautbekämpfungsmitteln** ist besonders innerhalb der Bestände bei Chloraten (z. B. **Anforstan**) Vorsicht geboten. Mit solchen Mitteln behandelte Kahlflächen müssen längere Zeit, je nach Bodenbeschaffenheit verschieden lange, brachliegen, bevor sie wieder in Kultur gebracht werden dürfen, da sonst die jungen Pflanzen Schaden erleiden.

IV. Kettenkrankheiten

Unter dieser Bezeichnung faßt man eine Anzahl von Krankheiten zusammen, bei denen eine Reihe aufeinanderfolgender Ursachen zum Kränkeln oder Absterben der Bäume führen. Hierher gehören:

1. Eichensterben. Die primäre Ursache dieser Krankheit kann verschieden sein. In den der Wasserregulierung unterworfenen Auwäldern ist es häufig die **Grund-**

wassersenkung, durch welche die Bäume so stark geschwächt werden, daß tierische Schädlinge, z. B. Schildläuse und Borkenkäfer, sie zum Absterben bringen können. Meist besteht der Primärschaden in starkem **Licht- und Kahlfraß** durch Maikäfer, Eichenwickler und verschiedene Frostspannerarten, der sich mehrere Jahre hintereinander wiederholen kann (natürlich nicht bei Maikäfern). Die letzteren beiden Schädlinge treten meist zusammen auf. Auch Goldafter- und Eichenprozessionsspinnerfraß kann als Primärschaden auftreten. Die Wiederbegrünung durch den Johannistrieb fällt dann im selben Jahr dem **Eichenmehltau** zum Opfer, und schließlich finden **Schildläuse** und **Borkenkäfer** sowie **Pilze**, z. B. Hallimasch, Zutritt zu den geschwächten Bäumen. Diese Krankheit begann 1910, nachdem 1907 der Eichenmehltau als neuer Krankheitserreger zum ersten Male in Deutschland aufgetreten war. Dieser entwickelt sich sonst kaum auf den Blättern älterer Eichen. Er beschränkt sich meist auf Jungpflanzen, Stockausschläge und Wasserreiser, befällt aber auch Johannistriebe aller Altersklassen. Bekämpfen kann man das Eichensterben am besten durch Abtöten der Primärschädlinge, indem man die Bestände besprüht.

2. Tannensterben. Anfangs sterben die Äste der erkrankten Tannen im unteren Kronenteil ab. Gleichzeitig verlangsamt sich das Wachstum des Wipfeltriebes, so daß ein sogenanntes **Storchennest** entsteht, wobei die obersten Äste den Wipfeltrieb überwachsen. Außerdem tritt eine starke Wasserreiserbildung ein. Im Stamm stellt man Naßkern und Braunfleckigkeit fest. Ferner tritt eine jauchige Flüssigkeit aus. Die Bäume haben durch die Verringerung der Assimilationsfläche beträchtlichen Zuwachsverlust und sterben oft nach einiger Zeit ab.

Es ist noch nicht einwandfrei geklärt, welches die Ursachen für diese Krankheit sind. Genannt werden: die Tannentrieblaus (*Dreyfusia nüsslini* C. B.), Rauchschaden, Grundwassersenkung, Frost, Trockenheit, Nährstoffmangel und falsche waldbauliche Behandlung. Wahrscheinlich hat diese Krankheit keine einheitliche Ursache. Die meisten der genannten Ursachen können zum Teil vielleicht auch in Kombination vorkommen. Ziemlich sicher dürfte aber die Tannentrieblaus nur sekundär sein. Der Verdacht, daß sie primär sei, beruht auf der Tatsache, daß kurz nach ihrer Einschleppung in **Deutschland** das Tannensterben stärker beobachtet wurde. Man zog deshalb Parallelen zwischen dem Eindringen des Eichenmehltaues und dem Eichensterben einerseits und der Tannentrieblaus und dem Tannensterben andererseits. Das stimmt zweifellos nicht. Diese Krankheit scheint aber durch eine richtige waldbauliche Behandlung der Tanne weitgehend vermeidbar zu sein.

3. Ackersterbe. Auf ehemaligen Feldflächen, die mit Kiefer oder Fichte aufgeforstet wurden, tritt die Ackersterbe auf. Nach anfangs bestem Wachstum beobachtet man im dritten Jahrzehnt das Auftreten der Krankheit. Das besonders gute Wachstum im Anfang ist darauf zurückzuführen, daß der Ackerboden während der landwirtschaftlichen Nutzung Jahr für Jahr gut bearbeitet und gedüngt wurde. Dann treten Zuwachsstörungen auf, und anschließend sterben Einzelstämme und schließlich ganze Gruppen von Bäumen ab. 50- bis 60jährige Bestände können sich wieder erholen. Die jahrelang andauernden Wuchsstockungen im Wipfelbereich der Krone werden überwunden. Es tritt erneut normales Höhenwachstum ein, so daß man früher erkrankte Bäume, die sich wieder erholt haben, an ihrer Kronenform erkennen kann. Sie haben unterhalb der neuen Krone kräftige Äste, die der ersten Krone angehörten. Diese Krankheit ist typisch für Ackeraufforstungen von Kiefer und Fichte in der ersten Generation.

Bisher nahm man an, daß die Weitlumigkeit des Jugendholzes das Wachstum des Wurzelschwammes (*Trametes radiciperda* Htg. = *Fomes annosus* Fr.) fördert, andererseits die Wurzeln die verfestigte Pflugsohle nicht durchbrechen könnten. Nur die Bäume, denen dies schließlich gelänge, erholten sich wieder. Nach neueren Untersuchungen von KILIAS scheint zumindest bei der Kiefer die Ackersterbe doch **primär** durch den **Wurzelschwamm** verursacht zu werden. Dieser Pilz dürfte sich nach diesem Autor auf Ackerflächen besonders gut entwickeln können, weil seine **Antagonisten**, die im Waldboden vorhanden sind, fehlen. Es handelt sich dabei um Pilzarten, die durch ihr Vorhandensein die Entwicklung des Wurzelschwammes behindern. Aus diesem Grunde ist es auch zwecklos, die Pflugsohle vor der Aufforstung zu durchstoßen. KILIAS empfiehlt, den Anbau von Kiefer und Fichte auf Feldaufforstungsflächen in der ersten Generation zu unterlassen oder sie höchstens horst- oder gruppenweise dem Laubholz beizugeben. Allerdings beziehen sich die Untersuchungen von KILIAS nur auf Diluvialböden. Inwieweit sie verallgemeinert werden können, muß erst festgestellt werden.

4. Kiefernsterben. Diese Krankheit tritt gerade in den ausgesprochenen Kieferngebieten seit einigen Jahren in großem Umfang auf, ohne daß es gelang, ihre Ursachen zu ergründen. Die Kiefern sterben nach vorherigem Kränkeln innerhalb von 2 bis 3 Jahren ab. Auch hier dürfte Grundwassersenkung nicht unbeteiligt sein. Die tierischen und pilzlichen Schädlinge, wie der Blaue Kiefernprachtkäfer (*Melanophila cyanea* F.), die Kiefernadelscheidengallmücke (*Thecodiplosis brachyntera* Schwaeg.), der Kiefernbestandsrüßler (*Pissodes pini* L.), verschiedene Borkenkäferarten usw., werden wohl nur sekundärer Natur sein. Eine Bekämpfung ist erst möglich, wenn wir die Ursachen der Krankheit kennen.

5. Ulmensterben. Ursache dieser Krankheit ist der Pilz *Ophiostoma ulmi* Buism., der meist durch Insekten, vorwiegend die **Ulmensplintkäfer** (*Scolytus scolytus* F., *Sc. multistratus* Mrsh. und Sc. *laevis* Chap.),

übertragen wird, die in den Zweigachseln einen Reifungsfraß durchführen, durch den die Pilzsporen in den Baum gelangen. Das Pilzmyzel wächst nach unten und dadurch verthyllen die Leitbahnen. Hierdurch kränkeln die Bäume und ermöglichen den Käfern, die Brut unter der Stammrinde abzulegen. Die Stämme werden auf diese Weise abgetötet. Dieser Pilz trat zum ersten Mal, über **Holland** kommend, in den 20iger Jahren in **Deutschland** auf. Bei akuter Erkrankung finden das Absterben von Ästen und Bäumen sowie das Vertrocknen der Blätter so rasch statt, daß letztere nicht einmal vergilben. Der chronische Verlauf bringt ein langsames Absterben der Zweige mit sich. Auf Stammquerschnitten sind die erkrankten Jahresringe gebräunt. In Ausnahmefällen, die wahrscheinlich durch günstige Witterung bedingt sind, können sich die Bäume auch wieder erholen. Dies scheint aber nur selten vorzukommen.

Bekämpfung ist nur durch Vernichten der Käfer mittels Fangbäumen möglich. Rechtzeitiges Abschneiden erkrankter Zweige läßt sich nur bei Allee- und Parkbäumen durchführen.

6. Buchensterben. Beim akuten Auftreten dieser Krankheit bilden sich pfennig- bis tellergroße schwärzliche oder bräunliche, meist nasse Stellen an der Stammrinde (Schleimfluß mit sekundär auftretenden Pilz- und Bakterienarten). Hieran schließt sich eine Holzzerstörung durch Weißfäuleerreger an. Es folgen *Nectria*-Arten und holzbrütende Borkenkäfer. Auch die Buchenwollschildlaus (*Cryptococcus fagi* Bärenspr.) tritt sekundär in Erscheinung. Windbruch vernichtet schließlich die befallenen Bestände. Bei chronischem Verlauf tritt offenbar die Buchenwollschildlaus weitgehend primär auf. Möglicher Schaden kann durch Vernebeln der Schildläuse aufgehalten werden.

Eine Anzahl weiterer Holzarten zeigen ebenfalls sogenannte Sterben, z. B. **Fichten- Lärchen- und Eschensterben**. Die Hauptschuld an diesen scheint die Grundwassersenkung zu haben. Die Gründe für das **Erlensterben**, das bis vor kurzem ebenfalls als Kettenkrankheit betrachtet wurde, hat MÜNCH geklärt. Das zeitige Fruktifizieren und frühe Absterben dieser Erlen ist darauf zurückzuführen, daß das Saatgut von Bäumen stammte, die auf **Frühreife** gezüchtet waren. Der ursprünglich als Krankheitsursache betrachtete Wipfelpilz (*Valsa oxystoma* Rehm.) tritt dagegen sekundär auf.

B. Forstschutz gegen Tiere

SCHÄDLICHE INSEKTEN

I. Käfer *(Coleoptera)*

1. Blatthornkäfer (Scarabaeidae). Sie haben bewegliche Fühlerkeule und bauchwärts gekrümmte, hinten etwas verdickte Larven mit drei langen Brustbeinpaaren (**Engerlinge**).

a) **Waldmaikäfer** (*Melolontha hippocastani* F.) (M)[1]. Körperende sich rasch verjüngend und in einem Knopf endend. Flugzeit Mai jeden dritten bis vierten Jahres. Verpuppung im Herbst vor dem Flugjahr in einer Bodenhöhle. Der Käfer schlüpft ebenfalls im Herbst.

b) **Feldmaikäfer** (*Melolontha melolontha* L.) (M). Körperhinterende sich allmählich verjüngend. Biologie ähnlich der vorigen Art. 3- bis 5jährige Generation. Eiablage der Maikäfer 10—60 cm tief im Boden. Käferschaden beider Maikäferarten vorwiegend Blattfraß an Laubholz. Engerlingsfraß an Wurzeln von Jungpflanzen oft katastrophal.

c) **Walker** (*Polyphylla fullo* L.). Größter Verwandter des Maikäfers (3,1 cm lang). Braune Flügeldecken mit

[1] Die meldepflichtigen Insektenarten erhalten im folgenden ein (M) hinter dem Namen.

weißen Flecken. Käferfraß an Kiefernnadeln. Engerlingsschaden besonders in Dünengebieten.

2. Schnellkäfer (Elateridae). Die langgestreckten, flachen Käfer verschiedenster Färbung haben am Hinterrande der Brust ventral einen Dorn, der ihnen, wenn sie auf den Rücken gefallen sind, ermöglicht, sich auf die Bauchseite zu schnellen. Die hellbraunen, langen, schlanken Larven werden als **„Drahtwürmer“** bezeichnet. Sie schaden an jungen Pflänzchen durch Befressen von Wurzeln und der Rinde am Stämmchenfuß. Gegenmaßnahmen: siehe Engerlingsbekämpfung.

3. Prachtkäfer (Buprestidae). Meist bunte, oft schillernde, vorwiegend schlanke Käfer ohne Springvermögen, von denen einige Arten durch den Larvenfraß unter der Rinde und in Stämmen verschiedener Holzarten (z. B. Blauer Kiefern-, Grüner Buchen- und Lindenprachtkäfer) schädlich werden. Die weißen, beinlosen, schlanken Larven, deren Brustsegmente oft verbreitert sind (Trommelschlegelform), fressen vorwiegend unter der Rinde unregelmäßig geschlängelte Gänge, die mit Bohrmehl gefüllt sind. Dieses ist im Gegensatz zum Bohrmehl in den Bockkäfergängen wolkig (abwechselnd weiß und bräunlich). Die Verpuppung erfolgt in einer hakenförmigen Puppenwiege im Splint. Meist sind die Prachtkäfer sekundäre Schädlinge. Trotzdem können einige Arten recht schädlich werden.

4. Bockkäfer (Cerambycidae). Mehr oder weniger große verschiedenfarbige Käfer mit meist langen bis sehr langen Fühlern. Weiße, meist beinlose, langgestreckte Larven leben unter der Rinde und im Holz verschiedener Holzarten in unregelmäßigen Gängen, an deren Ende sie sich in einer Puppenwiege verpuppen. Die Käfer verlassen den Baum meist durch querovale Fluglöcher.

a) **Großer Eichen-** oder **Eichenheldbock** (*Cerambyx cerdo* L.). 3—5 cm lang, braun. $\frac{1}{2}$ m lange, sich später schwärzende Gänge („Großer Schwarzer Wurm“ der

Holzhändler) im Kernholz am unteren Teil alter Eichen. Schwerer Schaden.

b) **Großer Pappelbock** (*Saperda carcharias* L.). Die Larve stellt ½ m lange breite Gänge in Pappel und Weide her. Das Bohrmehl wird an der Stammbasis ausgeworfen. Beseitigung befallener Stämme und Besprühen der unteren Stammteile vor der Eiablage mit DDT-Mitteln.

c) **Kleiner Pappel-** oder **Aspenbock** (*Saperda populnea* L.) (Abb. 8 a). Larve verursacht an Zweigen und jungen Trieben Gallen (Abb. 8 b) und dadurch Absterben oder Abbrechen der Zweige. Zweijährige Generation. Bespritzen der Gallen mit Phosphorestermitteln.

d) **Fichten-** und **Lärchenbock** (*Tetropium luridum* L. und *T. gabrieli* Wse.). Legen unter der Rinde geschwächter Fichten und Lärchen unregelmäßige Fraßgänge an und verpuppen sich in einem Hakengang im Splint. Bäume sterben ab. Man erkennt später den Befall an der abblätternden Rinde. Vorbeugung durch saubere Wirtschaft.

5. Blattkäfer (Chrysomelidae). Gedrungene, meist stark gewölbte, bunte Käfer. Sehr viele Arten, deren Larven und Vollinsekten an verschiedenen Holzarten fressen. Meist mehrere Generationen im Jahr. Deshalb rasches Ansteigen einer Massenvermehrung.

a) **Rote Pappel-** oder **Weidenblattkäfer** (*Melasoma populi* L., *M. saliceti* Wse. und *M. tremulae* F.) (Abb. 9). An Aspe, Pappeln und Weiden werden die Blätter von Larven und Käfern befressen. Rasche Ausbreitung, da ein Weibchen über 1000 Eier erzeugt und 2—3 Generationen vorkommen. Sie können mit Berührungsgiften besprüht werden.

b) **Blaue** und **Gelbe Pappel-** und **Weidenblattkäfer.** Leben und schaden ähnlich wie die vorigen Arten. Sie werden auch ebenso bekämpft.

c) **Blauer Erlenblattkäfer** (*Agelastica alni* L.). Meist mehrjähriger Schaden durch Blattfraß von Larve und

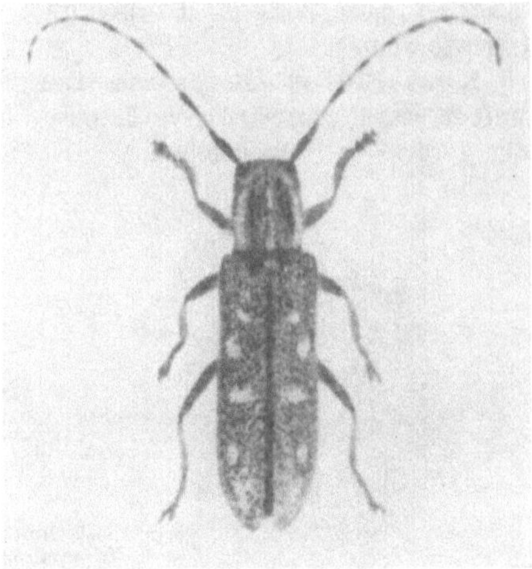

Abb. 8a.
Kleiner Pappelbock (*Saperda populnea* L.), Vergr. 3×
Phot. Jarisch, Eberswalde

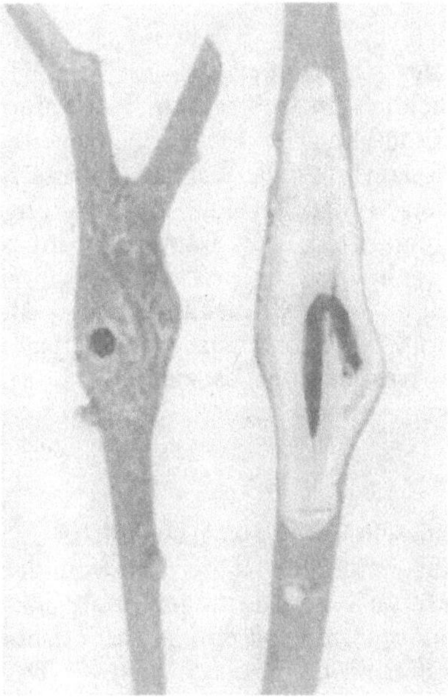

Abb. 8b.
Gallen des kleinen Pappelbocks
Phot. H. Schieferdecker, Eberswalde

Käfer an Erle, seltener Pappel und Weide. Bekämpfung wie oben.

6. Rüsselkäfer (Curculionidae). Kopf mehr oder weniger stark rüsselartig verlängert. Sehr harte, meist vorn gerundete Flügeldecken.

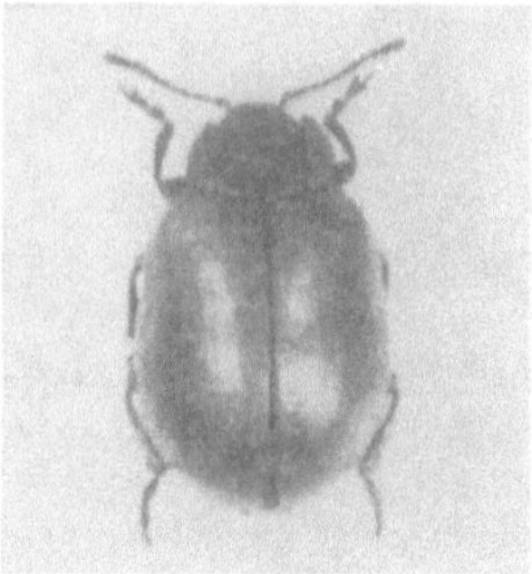

Abb. 9. Roter Pappelblattkäfer (*Melasoma populi* L.) Vergr. 3 ×
Phot. Jarisch, Eberswalde

Kurzrüßler

a) **Schwarzer Rüsselkäfer** (*Otiorrhynchus niger* F.) (M). Der Käfer frißt hauptsächlich im Gebirge an Rinde und Nadeln jüngerer, bis zu 50jähriger Fichten, gelegentlich auch an anderen Holzarten. Die Larven befressen Wurzeln und Rinde von Jungpflanzen. Bekämpfung der Käfer mit Berührungsgiften, der Larven vermutlich mit Hexamittel möglich.

b) Verschiedenste **Grün- und Graurüßlerarten** (M). Schaden durch Blatt- und Nadelfraß an verschiedenen Holzarten. Auch hier fressen die Larven meist an Wurzeln und Rinde von Jungpflanzen. Bekämpfung wie oben.

Langrüßler

a) **Großer Brauner Rüsselkäfer** (*Hylobius abietis* L.) (M) (Abb. 10). Käfer lebt mehrere Jahre und schadet durch „Pockennarbenfraß" an der Rinde junger Forstpflanzen. Diese gehen nach stärkerem Fraß ein, so daß oft ein hoher Prozentsatz der Kulturen vernichtet wird. Der

Fraß ist im Frühjahr am stärksten. Die Larven leben hauptsächlich in den Wurzeln von Stöcken, sind also unschädlich. Vorbeugend wirken Stockrodung und Schutz der Jungpflanzen durch Bespritzen der unteren Teile des Stämmchens mit Fekama 20. Bekämpfung mit

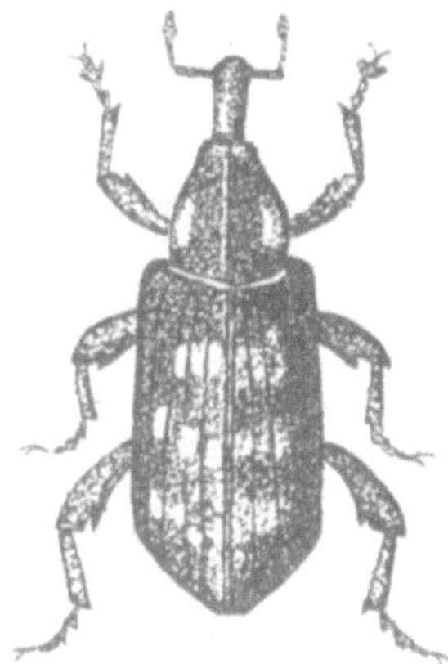

Abb. 10. Großer Brauner Rüsselkäfer (*Hylobius abietis* L.) Vergr. 4×
Gez. D. Völter, Eberswalde

Hilfe von Fangrinden, die man zuvor vergiften kann oder täglich absuchen muß.

b) **Kleine Braune Rüsselkäfer** (*Pissodes*-Arten) (M). Es gibt verschiedene forstlich schädliche Arten, die größtenteils an verschiedenen Altersklassen der Kiefer leben. An Fichte ist die wichtigste der **Harzrüsselkäfer** (*P. harcyniae* Hbst.). Von allen diesen Arten schaden die Larven, die sich unter der Rinde entwickeln. Ihre **Puppenwiegen** sind mit **Spanpolstern** (Abb. 11) ausgekleidet (typisch!). Beim Harzrüsselkäfer ist **starker Harzfluß** an der Rindenoberfläche zu beobachten. Die Brutbilder bestehen aus Sterngängen. Vorbeugend wirkt saubere Wirtschaft. Bekämpfung: Vernichtung befallener Pflanzen bzw. Bäume, bei Harzrüsselkäfer Werfen von Fangbäumen.

c) **Erlenwürger** oder **Bunter Erlenrüßler** (*Cryptorrhynchus lapathi* L.). Die Larve entwickelt sich in zweijähriger Generation in Erle, Pappel, Weide und Birke. Das Fraßmehl wird ausgeworfen, die befallenen Stellen schwellen an, und die Rinde reißt an ihnen auf. Bekämpfung: Vernichten des befallenen Materials.

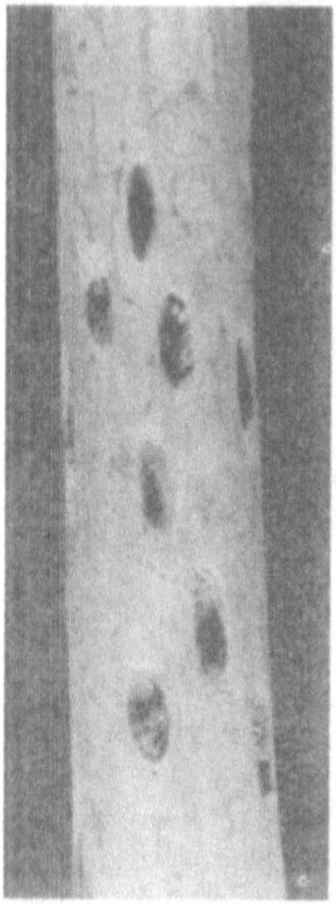

Abb. 11. Puppenwiegen des Kiefernkulturrüßlers (*Pissodes notatus* F.) Phot. H. Schieferdecker, Eberswalde

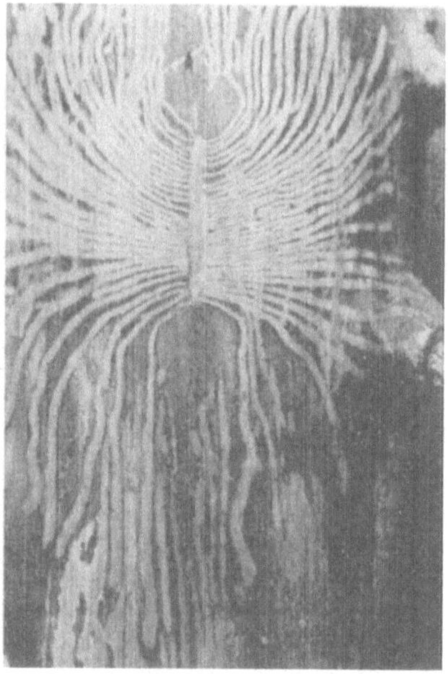

Abb. 12. Brutbild des Großen Ulmensplintkäfers (*Scolytus scolytus* F.) [1]

7. Borkenkäfer (Ipidae) (M). Meist dringen beide Geschlechter der Borkenkäferarten nach Anlegen einer Rammelkammer vollkommen in die Pflanze ein. Die Weibchen nagen je nach Arten unter der Rinde (Rinden-

[1] Den Lehrbriefen der Fachschule für Forstwirtschaft Abt. Fernstudium, Schwarzburg und Tharandt, H. Gäbler, Forstschutz, sind entnommen Abb. 12, 14, 15, 17, 18 und 20.

brüter) oder im Holz (Holzbrüter) Muttergänge, von denen Larvengänge ausgehen, soweit nicht Familienfraß stattfindet. Die Larven sind weiß mit bräunlichem Kopf, engerlingsähnlich, aber ohne Beine.

Nach ihrer Körperform unterscheiden wir drei Unterfamilien: die **Splintkäfer** (Scolytidae) mit nach hinten aufsteigendem Hinterleib, der Zähne tragen kann, **Bastkäfer** (*Hylesinae*) mit abgerundetem Hinterende und die **Borkenkäfer im engeren Sinne** (*Ipinae*) mit einem Absturz am Körperende, dessen Ränder meist eine nach der Art verschiedene Zahl von Zähnen tragen.

a) **Splintkäfer** (Scolytinae).

Großer (Abb. 12), **Kleiner** und **Mittlerer Ulmensplintkäfer** (*Scolytus scolytus* F., *Sc. multistriatus* Mrsh. und *Sc. laevis* Chap.). Legen vorwiegend unter Rinde kränkelnder Ulmen ihre Brutbilder mit senkrechtem Muttergang an. Reifungsfraß in Zweigachseln. Dabei Übertragung des Erregers des **Ulmensterbens** (*Ophiostoma ulmi* Buism.). Vorbeugend wirkt saubere Wirtschaft. Bekämpfung: Werfen von Fangbäumen.

Großer Birkensplintkäfer (*Scolytus ratzeburgi* Janson). Brutbilder mit senkrechtem Muttergang unter der Rinde stark geschwächter Birken. Äußerlich sichtbar senkrecht übereinanderliegende Begattungs- bzw. Luftlöcher. Bekämpfung: Mit Hilfe stehender Fangbäume.

Eichensplintkäfer (*Scolytus intricatus* Rtzb.). Brutbilder unter der Rinde von Eiche, seltener anderer Laubhölzer, mit kurzen waagerechtem Muttergang. Befallen werden in erster Linie absterbende oder bereits gefällte Bäume. Meist doppelte Generation. Ernährungsfraß der Käfer in den Kronen. Bekämpfung: Aushieb befallener Bäume und Vernichtung von Käfern und Brut.

b) **Bastkäfer** (Hylesinae).

Großer Schwarzer und **Kleiner** oder **Bunter Eschenbastkäfer** (*Hylesinus crenatus* F. und *Leperesinus fraxini* Pz.). Beide legen ihre waagerechten doppelarmigen Muttergänge vorwiegend unter der Rinde der Esche an, von denen senkrecht Larvengänge abgehen. Die ersteren sind größer als die des letzteren (Abb. 13). Die Brutbilder liegen oft so dicht beieinander, daß kaum noch Platz für weiteren Fraß ist. Der größtenteils unter dickerer Rinde lebende **Große Eschenbastkäfer** hat zweijährige Generation mit Flugzeit im April/Mai und ver-

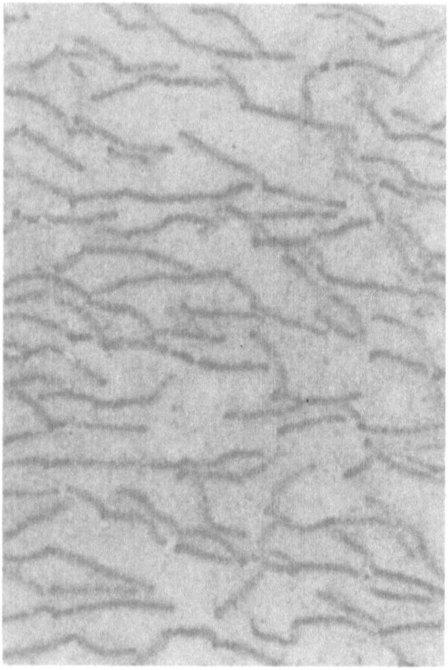

Abb. 13. Brutbilder des Kleinen oder Bunten Eschenbastkäfers (*Leperesinus fraxini* Pz.) Phot. H. Schieferdecker, Eberswalde

puppt sich meist in der Borke, der **Kleine** hat einjährige Generation, fliegt März bis Mai und verpuppt sich in den obersten Schichten des Splintes. Wenn sie auch hauptsächlich sekundär auftreten, so spielen sie doch in Auwäldern mit Grundwassersenkung eine große Rolle. Bekämpfung: Saubere Wirtschaft und Werfen von Fangbäumen.

Riesenbastkäfer (*Dendroctonus micans* Kug.). Mit 7—9 mm Länge der größte einheimische Bastkäfer, der in erster Linie ältere Fichten, die am Stammfuß Rindenbeschädigungen aufweisen, befällt. Larven stellen unter der Rinde durch Familienfraß einen großen Platzfraß her. Aus dem Einbohrloch tritt Harz aus. Meist einjährige Generation. Vorbeugung durch Vermeidung von Rindenbeschädigungen und Bekämpfung nur durch rasche Beseitigung des befallenen Materials möglich.

Waldgärtner (*Myelophilus*). Es gibt einen **Großen** und einen **Kleinen Waldgärtner** (*M. piniperda* L. und *M. minor* Htg.) (M). Die Käfer unterscheiden sich nur dadurch, daß der **Große Waldgärtner** am Absturz neben der Flügeldeckennaht **Schattenstreifen** trägt. Sehr leicht sind die beiden Arten aber am Brutbild zu erkennen. Der Große hat senkrechte, mit Harz ausgekleidete Muttergänge (Abb. 14) unter dicker Borke, aus deren Einbohrloch ein gelber **Harztrichter** austritt. Der Käfer fliegt im Februar/März, und es treten oft Geschwisterbruten auf. Die Brutbilder des **Kleinen Waldgärtners** (Abb. 15) finden sich unter dünner Rinde und haben doppelarmige Waagegänge. Die Puppenwiegen liegen hier aber im Splint. Er fliegt erst im April/Mai. Die Jungkäfer beider Arten bohren sich in die jüngeren Triebe der Kiefernkronen ein und höhlen sie aus (Reifungsfraß). Der **Kleine Waldgärtner** ist schädlicher als der **Große**. Vorbeugend wirkt saubere Wirtschaft. Bekämpfung mit Hilfe liegender Fangbäume.

Wurzelbrütende Borkenkäfer. Kleine Bastkäferarten, die ihren Reifungsfraß an den Stämmchen junger Nadelholzpflänzchen ausführen und diese zum Absterben bringen können. Sie kommen oft zusammen mit dem **Großen Braunen Rüsselkäfer** vor. Die Fraßstellen werden aber von außen nach innen breiter. Bekämpfung: Siehe **Großen Braunen Rüsselkäfer**.

c) **Borkenkäfer im engeren Sinne** (Ipinae).

Großer Achtzähniger Fichtenborkenkäfer oder **Großer Buchdrucker** (*Ips typographus* L.) (M). Die Käfer legen unter der Rinde 80jähriger und älterer Fichten Brutbilder mit Rammelkammer und je nach Weibchenzahl

Abb. 14. Brutbilder des Großen Waldgärtners (*Myelophilus piniperda* L.)
Phot. Dr. Ch. Pally, Eberswalde

Abb. 15. Brutbilder des Kleinen Waldgärtners (*Myelophilus minor* Htg.)
Phot. Dr. Ch. Pally, Eberswalde

Abb. 16. Brutbilder des Großen Buchdruckers (*Ips typographus* L.)
Phot. H. Schieferdecker, Eberswalde

2—3 senkrechte Muttergänge an (Abb. 16). Meist 2 Generationen mit Flugzeiten Mitte April bis Ende Mai und Ende Juni bis Ende Juli sowie zahlreiche Geschwisterbruten. **Wichtigster Fichtenborkenkäfer**, der nur selten andere Nadelholzarten annimmt. Anfangs Befall in Herden, die 50—150 m auseinanderliegen. Ungeheure

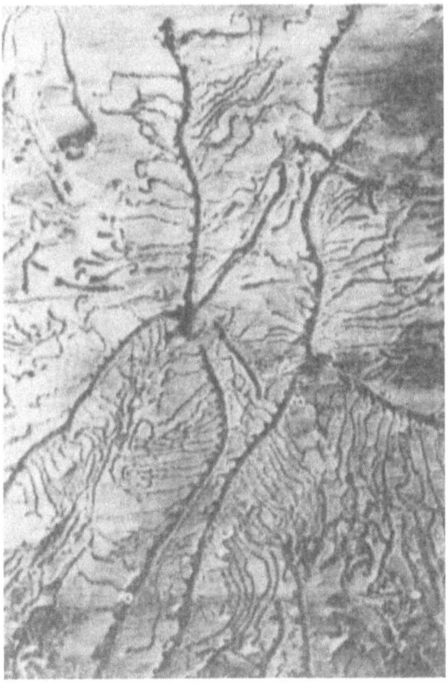

Abb. 17. Brutbilder des Sechszähnigen Fichtenborkenkäfers (*Pityogenes chalcographus* L.) Phot. Dr.Ch. Pally, Eberswalde

Massenvermehrungen nach Fraß primärer Insekten, Windbruch, Schneebruch usw., wenn das Schadholz nicht rasch beseitigt oder nicht wenigstens sofort entrindet wird. Ernährungs-, Regenerations- und Überwinterungsfraß an verschiedenen Stellen der Bäume, letzterer vor allem auch in Stöcken. Vorbeugend saubere Wirtschaft. Während der Vegetationszeit laufend alle 2—3 Wochen Werfen von Fangbaumserien. Beseitigung von Überwinterungsbäumen und Entseuchen der Stöcke am Ende des Winters.

Kleiner Achtzähniger Fichtenborkenkäfer oder **Kleiner Buchdrucker** (*Ips amitinus* Eichh.) (M). Sein Brutbild besteht meist aus 3—5 und mehr Muttergängen. Er neigt aber nicht so sehr zur Massenvermehrung wie der **Große Buchdrucker.**

Sechszähniger Fichtenborkenkäfer oder **Kupferstecher** (*Pityogenes chalcographus* L.) (M). Die 3—6 unter der Rinde gelegenen Muttergänge dieses Käfers gehen von einer in der Rinde befindlichen Rammelkammer aus (Abb. 17). Sie liegen vorwiegend unter dünner Rinde an jüngeren oder im Kronenteil älterer Fichten (oft mit dem Großen Buchdrucker gemeinsam). Meist 2 Generationen. Auftreten vorwiegend primärer als die vorigen Arten unter gleichen Umständen. Vorbeugend saubere Wirtschaft. Bekämpfung mit Fangbäumen und Fangreisig.

Zwei- und Vierzähniger Kiefernborkenkäfer (*Pityogenes bidentatus* Hbst. und *P. quadridens* Hart.). Beide leben unter dünner Kiefernrinde, wo sie ein sternförmiges Brutbild mit Rammelkammer anlegen, das tief in die Splintoberfläche eingreift. 2 Generationen und Geschwisterbruten. Fraß führt unter Umständen zum Absterben junger oder zur Auflichtung älterer Bäume. Vorbeugend wirkt Entfernung kränkelnder Bäume und des am Boden liegenden Reisigs. Bekämpfung durch Werfen von Fangbaumserien oder mittels Fangreisig.

Krummzähniger Tannenborkenkäfer (*Pityokteines curvidens* Germ.). In erster Linie schwerer Tannenschädling. Brutbild mit doppelarmigem Quergang (oft zwei Brutbilder miteinander verbunden und übereinanderliegend). Verpuppung trotz dicker Borke im Splint. 2—3 Generationen und Geschwisterbruten. Bekämpfung durch Entfernung befallener Stämme und Werfen von Fangbäumen.

Kleiner Tannenborkenkäfer (*Cryphalus piceae* Rtzb.). Trotz seiner geringen Größe schwerer Tannenschädling, oft mit voriger Art zusammen auftretend. Eier werden hier haufenweise in vom Mutterkäfer angelegten, ausgebuchteten Platzfräßen abgelegt. Flug im März/April und Juni. Bekämpfung mit Fangreisig oder Stangen als Fangbäumen. Reisig aus befallenen Beständen nicht abgeben, um Verschleppung zu vermeiden.

d) **Holzbrütende Borkenkäfer**

Nutzholzborkenkäfer (*Xyloterus*-Arten) (M). Der **Gemeine Nutzholzborkenkäfer** (*Xyloterus lineatus* Ol.) schadet an Nadelholz, zwei andere Arten an Laubholz. Typisch sind für ihre Brutbilder die sogenannten **Leitergänge** (Abb. 18). Dabei zweigen von den waagerecht im Holz verlaufenden

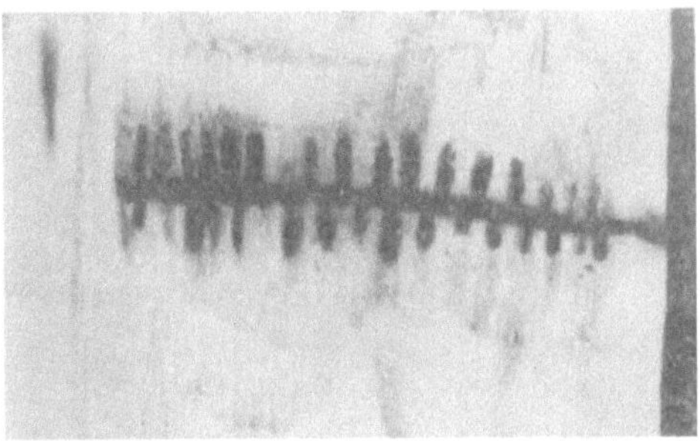

Abb. 18. Leitergang des Nutzholzkäfers (*Xyloterus lineatus* L.) Phot. Dr. Ch. Pally, Eberswalde

Muttergängen kurze senkrechte Larvengänge ab, an deren Wänden **Ambrosiapilze** wachsen, die von den Larven gefressen werden. Die Gangwände schwärzen sich später. Das weiße Bohrmehl wird ausgeworfen. Da in erster Linie kranke und frisch gefällte Bäume befallen werden, ist der Schaden hauptsächlich technisch. Vorbeugend wirken saubere Wirtschaft sowie die Beseitigung der Stöcke. Bekämpfung mit Hilfe von Fangbäumen, die anschließend zu spalten und rasch zu trocknen sind.

II. Hautflügler (Hymenoptera)

Insekten mit kauenden, saugenden und leckenden Mundwerkzeugen sowie 4 meist schuppenlosen, glashell durchsichtigen Flügeln.

1. Blattwespen: Hautflügler ohne Wespentaille, d. h. Brust und Hinterleib haben eine breite Verbindung. Am Hinterleibsende der Weibchen finden sich Legesägen. Die als „Afterraupen" bezeichneten Larven haben im allgemeinen mehr Hinterleibsbeine als die Raupen der Schmetterlinge. Letztere fehlen nur den Larven der Gespinstblattwespen. Die Puppen liegen meist in Kokons.

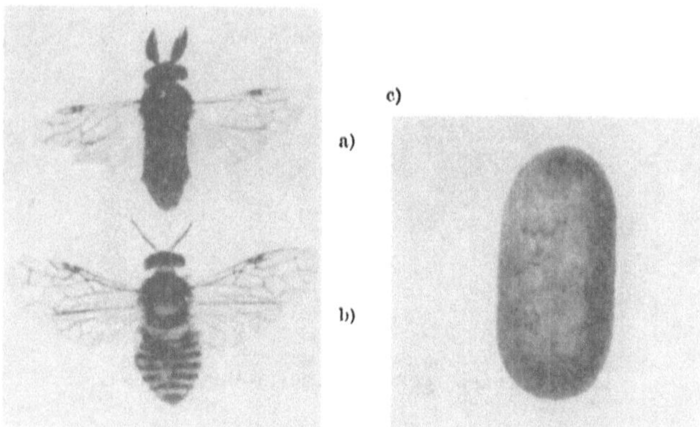

Abb. 19. Kiefernbuschhornblattwespe, a) Männchen, b) Weibchen und c) Kokon
Phot. Jarisch, Eberswalde Vergr. 2×

a) **Gespinstblattwespen** (Lydidae) (M). Es gibt eine Art, die an Fichte und mehrere, die an Kiefer schaden. Die Afterraupen haben nur 3 Brustbeinpaare und am Hinterleibsende ein Paar gegliederte Anhänge (Cerci). Sie sitzen je nach Art entweder einzeln in Gespinströhren, die aber außerdem in größerer Zahl zu Nestern vereinigt sein können, oder in großen Gemeinschaftsgespinsten. Ferner sammelt sich in den Gespinsten bei einigen Arten der Kot (**Kotsackblattwespen**), bei anderen fällt er heraus. Die Larven überwintern bei den meisten Arten mehrmals (Überliegen), wodurch während einer Massenvermehrung nur alle 2—4 Jahre stärkerer Fraß auftritt. Trotzdem kann der Schaden beträchtlich sein. Zumindest nimmt der Dürrholzanfall zu. Bekämpfung durch Vernebelung mit Kombi-Aerosol.

b) **Buschhornblattwespen** (Diprionidae) (M). Die plumpen Wespen haben im männlichen Geschlecht doppeltgekämmte Fühler (Name!) und typische Afterraupen mit vielen Hinterleibsbeinen. Sie schädigen in mehreren Arten die Kiefern. Die übrigen Nadelholzarten sind unwichtig. Am bedeutendsten ist die **Gemeine Kiefernbuschhornblattwespe** (*Diprion pini* L.) (M) (Abb. 19), die im Jahr in 1 oder 2 Generationen (Flug April/Mai und Juli/August) auftreten kann, von denen die Kokons der zweiten im Boden überwintern. Von anderen Arten überwintern zum Teil die Eier. Die Schäden sind besonders stark in schlechten, zum Teil lückigen Beständen. Bekämpfung durch Bestäuben oder Besprühen mit Kontaktmitteln.

c) **Blattwespen im engeren Sinne** (Tenthredinidae). Fressen je nach Art an Laub- und Nadelholz.

Kleine Fichtenblattwespe (*Pristiphora abietina* Christ.) (M). Flugzeit April/Juni. Die Afterraupen befressen die Maitriebnadeln in typischer Weise. Es bleibt ein Oberhautfaden übrig, an dem die verschont gebliebene Nadelspitze hängt. Diese röten sich, so daß der Fraß schon von weitem sichtbar ist. Er dauert oft jahrzehntelang an, besonders auf für die Fichte ungünstigen Standorten. Dadurch entstehen Kronenmißbildungen, und schließlich gehen die Bestände ein. Die in der Bodenstreu überwinternden Puppenkokons können auch überliegen (etwa zu 20—22%). Sie sind braun und an beiden Enden gleichmäßig gerundet. Bekämpfung: Bestäuben oder Besprühen mit kombinierten Berührungsgiften oder Wofatox.

Kleine Gestreifte Fichtenblattwespe (*Pachynematus scutellatus* Htg.) (M). Larve frißt vorwiegend an Altnadeln und kann Kahlfraß verursachen. Puppenkokons sind schwarz und an einem Ende verjüngt. Bekämpfung wie oben.

Knopfhornblattwespen (*Cimbex*- und *Trichiosoma*-Arten). Wespen haben am Ende geknöpfte Fühler (Name!). Ihre schön bunt gefärbten, schmetterlingsraupenähnlichen Larven fressen an Birke, Pappel, Weide u. a. Laubhölzern. Wespen ringeln junge Laubholztriebe und sind somit schädlicher als die Larven, da die Stellen überwallen und oft abbrechen. Bekämpfung mit Hilfe von Berührungsgiften.

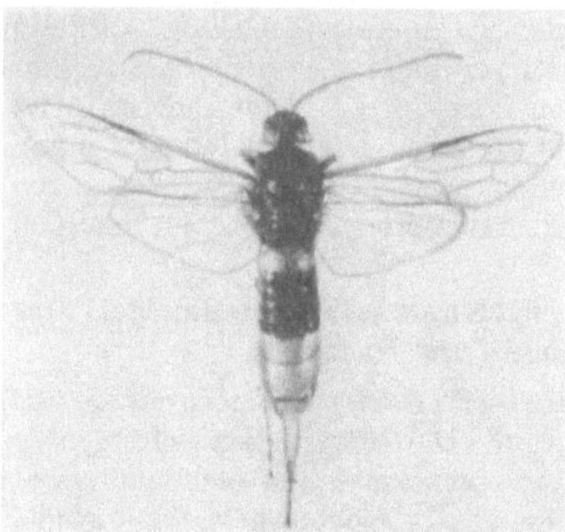

Abb. 20
Riesenholzwespe
(*Sirex gigas* L.)
Vergr. 1,5×

2. Holzwespen (Siricidae). Schlanke Wespen, ebenfalls ohne Wespentaille, mit 2 Paar schuppenlosen Flügeln. Weibchen an langem Legebohrer erkennbar (Abb. 20). Die weißen Larven tragen an der Brust 3 Paar Stummelfüße und als besonders typisches Merkmal am Hinterleibsende eine braune Spitze. Die Fraßgänge der Larven laufen sehr unregelmäßig im Holz und sind fest mit Bohrmehl verstopft, so daß man den Schaden, selbst bei Schnittware, gelegentlich übersieht. Die Gänge und die Ausfluglöcher der Wespen haben einen kreisrunden Querschnitt. Die Larvenentwicklung dauert mehrere Jahre, so daß noch aus verbautem Holz Wespen ausfliegen können. Dabei wird jedes Hindernis, selbst Bleiplatten, Linoleum usw., durchbohrt. Befallen werden

je nach Art kränkelndes oder frisch gefälltes Laub- und Nadelholz. Wirtschaftlich am wichtigsten sind die Nadelholzarten. Bekämpfung nur durch Beseitigung kränkelnder und befallener Bäume möglich.

3. Schlupfwespen (Entomophaga). Wespen verschiedenster Größe und Färbung mit Wespentaille. Schädlich sind nur

a) **Hyperparasiten.** Das sind Arten, die als Larven parasitisch in nützlichen Parasiten, seien es nun **Schlupfwespen** oder **Raupenfliegen** (Tachinen), leben. Meist sind es kleinere Arten, die sich oft in großer Zahl in einem Wirt entwickeln.

b) **Samenwespen** (*Megastigmus*-Arten): Diese Arten sind zur pflanzlichen Nahrung übergegangen und leben als Larven je nach Art in verschiedenen Nadelholzsamen. Sie treten besonders in samenarmen Jahren oft so zahlreich auf, daß kaum gesunde Samen vorhanden sind (besonders bei **Douglasie**). Den befallenen Samen ist äußerlich nichts anzusehen.

4. Gallwespen (Cynipoidea). Meist sehr kleine Wespen, die je nach Art größtenteils Mißbildungen an verschiedenen Organen der einzelnen Holzarten erzeugen. In erster Linie wird die Eiche von ihnen heimgesucht. Bekämpfung ist weder notwendig noch möglich.

5. Ameisen (Formicidae). Die einzige, forstlich in größerem Umfang schädliche Art ist die **Riesenholz-** oder **Roßameise** (*Camponotus herculeanus* L.). Sie baut ihre Nester gern in den unteren Teil gesunder Fichtenstämme, in dem sie längs der Jahresringe das weitlumige Frühjahrsholz herausnagt. Das Fraßmehl wird am Stammfuß herausgeworfen. An gefällten Stämmen ist der befallene Teil sofort abzutrennen, da sonst der Schaden innerhalb des Stammes weiter fortschreitet.

6. Falten- oder echte Wespen (Vespidae). Hautflügler mit faltbaren Flügeln. Die einzige Art, die hier zu nennen wäre, ist die **Hornisse** (*Vespa crabro* L.). Hier schadet die Wespe selbst, indem sie die Rinde an jungen Laubholz- und Lärchentrieben abschält. Die

Bäume versuchen dann diese Schälstellen zu überwallen. Bekämpfung nur durch Vernichtung der Hornissennester.

III. Zweiflügler (Diptera)

Das vorderste Flügelpaar meist voll entwickelt, das zweite Paar zu Schwingkölbchen umgebildet.

1. Gallmücken (Cecidomyidae). Die Larven der meist sehr kleinen Tiere entwickeln sich in für jede Art typischen Gallen an verschiedenen Holzarten, besonders in Weiden. Hier werden auch Zweige (**Weidenrutengallmücke**, *Rhabdophaga salicis* Schrk.) und Äste (**Weidenholzgallmücke**, *Helicomyia saliciperda* Duf.) gallenartig verdickt. Ferner werden oft in großem Umfang durch die **Kiefernnadelscheidengallmücke** (*Thecodiplosis brachyntera* Schwaeg.) Kiefernnadeln an den Maitrieben verkürzt, durch die **Nadelknickende Kieferngallmücke** (*Cecidomyia baeri* Prell) verbogen. Selbst Samen, wie die Birkensamen, schwellen gallenartig an. In diesem Fall geschieht dies durch den Befall der **Birkensamengallmücke** (*Oligotrophus betulae* Winn.).

2. Schnaken (Tipulidae): Die Larven dieser großen, langbeinigen Mücken sind grau, walzig und an ihrem hinten abgestutzten Körper mit zapfenförmigen Fortsätzen verschiedener Zahl versehen. Dadurch ähneln diese Enden zusammen mit den beiden Atemöffnungen (Stigmen) und dem After einer „Teufelsfratze."

IV. Schmetterlinge (Lepidoptera)

Insekten mit zwei Paar meist vollkommen beschuppten Flügeln. Raupen mit drei Paar Brust- und meist vier Paar Hinterleibsbeinen sowie einem Paar Nachschiebern.

Kleinschmetterlinge (Microlepidoptera)

Meist kleine, gelegentlich aber auch große Falter mit primitiver Flügeläderung. Bauchfüße der Raupe kranzförmig.

Eichenminiermotte (*Tischeria complanella* Hb.). Raupe erzeugt weiße Blasenminen in Eichenblättern. In manchen Jahren sehr häufig.

Gespinstmotten (*Hyponomeuta*-Arten). Raupen leben gesellig in Gespinsten und fressen je nach Art verschiedene Laubhölzer mehr oder weniger kahl. Verpuppung bei den meisten Arten ebenfalls in Gespinsten. Bekämpfung durch Vernebelung mit Kombi-Aerosol möglich.

Lärchenminiermotte (*Coleophora laricella* Hb.). Die Raupen dieser Art fertigen sich aus ausgefressenen Lärchennadeln ein Säckchen an, mit dem sie herumwandern und darin überwintern. Sie treten oft mehrere Jahre hintereinander auf und höhlen die Nadeln der Lärche aus, so daß die Baumkronen bei stärkerem Befall rötlich aussehen, was zu Zuwachsverlusten oder Absterben von Jungpflanzen führt. Bekämpfung mit Phosphorester.

Von den sehr zahlreichen forstlichen Wicklern seien nur erwähnt:

Grüner Eichenwickler (*Tortrix viridana* L.) (M). Flugzeit Juni/Juli. Die in Zweiergruppen in Knospennähe abgelegten Eier überwintern und schlüpfen erst im April/Mai beim Blattaustrieb. Die älteren Raupen leben in zusammengerollten Blättern und können mehrere Jahre hintereinander die Eichen entblättern. Dies führt zu Zuwachsverlust, Samenausfall und Zopftrocknis bzw. Absterben der Bäume, letzteres besonders im Zusammenwirken mit Eichenmehltau. Verpuppung Anfang Juni. Vorbeugend wirkt der Anbau spättreibender Eichen und Vogelschutz. Bekämpfung mit Kontaktsprühmitteln.

Kiefernknospentriebwickler (*Evetria buoliana* Schiff.) (M). Flugzeit vorwiegend Juli. Die anfangs in Kiefernnadeln, später in Knospen und Trieben minierenden Raupen rufen Triebkrümmungen (Posthornbildungen) hervor, oder die Triebe sterben ab. Überwinterung der Raupen in der Pflanze. Schwerer Schaden an jungen Kiefern auf schlechten Böden. Bekämpfung durch Ausbrechen der befallenen Knospen. Kontaktsprühmittelanwendung noch unsicher.

Es gibt noch eine Anzahl weiterer Wicklerarten, die ähnlichen Schaden anrichten, auf die aber hier nicht näher eingegangen werden kann.

Eichen-, Buchen- und Haselnußwickler (*Laspeyresia splendana* Hb., L. *grossana* Hw. und *L. amplana* Hb.). Raupen leben in Eicheln, Bucheckern und Haselnüssen, die deshalb vorzeitig abfallen. Bekämpfung durch Einsammeln und Vernichten.

Weidenbohrer (*Cossus cossus* L.). Größte Kleinschmetterlingsart mit nahezu 10 cm Flügelspannweite. Fliegt im Juni/Juli. Die bis 10 cm lang werdende, nach Holzessig riechende Raupe frißt bis über 1 m lange Gänge mit elliptischem Querschnitt, besonders in Pappel und Weide. An der Stammbasis werden Kot und Nagespäne ausgeworfen. Am Kot läßt sich der Befall von dem des **Großen Pappelbocks** unterscheiden. Nach zweimaliger Überwinterung findet im Mai die Verpuppung in einem Kokon aus Holzspänen entweder im Gang oder im Boden statt. Technischer Schaden führt zu erhöhter Bruchgefahr. Bekämpfungsmaßnahmen im großen Maßstabe noch unsicher. Im einzelnen durch Einführung von Atemgiften (Schwefelkohlenstoff, Paradichlorbenzol usw.) in die Gänge und Verstopfen der Ausgänge.

Glasflügler oder Glasschwärmer (Sesiidae). Schmetterlinge mit schlanken, schwärmerähnlichen Flügeln, die größtenteils schuppenlos durchsichtig sind. Die größte Art ist der **Hornissenschwärmer** (*Trochilium apiforme* Cl.). Dieser fliegt Juni/Juli. Seine Raupe schadet durch Anlage von Fraßgängen besonders in Pappel und Weide. Auch sie überwintert zweimal im Gang und verpuppt sich in einem festen, braunen Kokon aus Nagespänen. Es gibt auch eine Art, die an Erle schadet. Bekämpfung wie oben.

Großschmetterlinge (Macrolepidoptera). Flügelgeäder, höher entwickelt. Hinterleibsbeine der Raupen sind halbkreisförmige Klammerfüße.

1. Schwärmer (Sphingidae). Dicker, nach hinten spitz zulaufender Hinterleib und schmale lange Flügel. Einzige forstschädliche Art.

Abb. 21. Gemeiner Kiefernspanner, oben Männchen, unten Weibchen Phot. Jarisch, Eberswalde Vergr. 1,5×

Kiefernschwärmer (*Hyloicus pinastri* L.) (M). Fliegt Juni/Juli. Raupe frißt während des Sommers Kiefernnadeln und verpuppt sich im Oktober im Boden. Diese Art richtet meist nur zusammen mit anderen forstlichen Schmetterlingen großen Schaden an. Bekämpfung durch Stäuben oder Sprühen mit Berührungsgiften.

2. Spanner (Geometridae). Die Raupen haben außer den drei Brustbeinpaaren nur noch ein Paar Hinter-

leibsbeine und die Nachschieber. Sie bewegen sich demnach spannend fort (Name).

Frostspanner (M). Sie tragen ihren Namen nach ihrer Flugzeit in der kälteren Jahreszeit, meist Oktober/November oder Januar/Februar. Die wichtigsten Arten sind der **Gemeine**, der **Buchen-** und der **Große Frostspanner** (*Operophthera brumata* L., *O. boreata* Hb. und *Hibernia defoliaria* Cl.). Ihre Weibchen haben nur verschieden lange **Flügelstummel**, sind demnach flugunfähig. Die genannten drei Arten fressen an verschiedenen Laubholzarten sehr häufig gemeinsam, an Eiche oft auch mit dem **Eichenwickler** zusammen. Bekämpfen lassen sie sich mit den üblichen Berührungsgiften.

Gemeiner Kiefernspanner (*Bupalus piniarius* L.) (M) (Abb. 21). Dieser sehr wichtige Kiefernschädling fliegt April/Juni und legt seine ovalen, oben eingedrückten Eier in Zeilen an Kiefernnadeln ab. Außer an Kiefer fressen die grünen, weißgestreiften Raupen gelegentlich auch an Fichten- und Wacholderunterwuchs. Die weißen Längsstreifen greifen auch auf den Kopf über, woran man sie einwandfrei von jungen Kieferneulenraupen unterscheiden kann. Je nach dem Alter der Raupen tritt der Fraß als Rinnen- und Schartenfraß auf, oder es bleiben nur noch die Mittelrippen der Nadeln stehen. Die Erholungsfähigkeit der Kiefer nach einmaligem Fraß ist groß. Einen zweimaligen Fraß übersteht sie aber nicht. Die Verpuppung erfolgt im Spätherbst im Boden bzw. in der Bodenstreu. Zuvor liegen die Tiere verschieden lange als Vorpuppe. Bekämpfung mit Berührungsgiften.

Es gibt außerdem an der Kiefer eine Anzahl weiterer schädlicher Spannerarten, die aber nicht so wichtig sind wie die vorige Art und wegen Raummangels hier nicht besprochen werden können.

3. **Eulen** (Noctuidae). Die Falter dieser Familie haben schmale kurze Flügel, die mehr oder weniger deutliche Nieren-, Ring- und Zapfenmakel tragen. Der Körper ist kurz und dick. Sie fliegen vorwiegend in der Dunkelheit.

Kiefern- oder Forleule (*Panolis flammea* Schiff.) (M) (Abb. 22). Flugzeit März/Mai. Schadet hauptsächlich in 25- bis 50jährigen Kiefernbeständen schlechter, z. B. streugerechter Standorte. Abgelegt werden die napfkuchenförmigen Eier in Reihen an vorjährigen Nadeln. April/Mai setzt der Fraß ein. Trotz normaler Beinpaarzahl bewegen sich die Jungräupchen spannend

Abb. 22. Kiefern- oder Forleule (*Panolis flammea* Schiff.) Phot. Jarisch, Eberswalde Vergr. 1,5×

fort, sie verpuppen sich bereits im Juli/August im Boden. Die Kieferneule ist der gefährlichste Kiefernschmetterling. Kahlgefressene Bestände gehen zugrunde. Etwa alle 10 Jahre muß man mit einer Wiederholung einer Massenvermehrung rechnen. Natürliche Feinde sind die **Kieferneulenraupenfliege** (*Panzeria rudis* Fall.) und die Pilze *Isaria farinosa* Fries. und *Empusa aulicae* Reich. Bekämpfung mit Hilfe von Berührungsgiften.

Saateule (M). Im Forst spielen die **Kiefernsaateule** (*Agrotis vestigialis* Rott.) und die **Wintersaateule** (*Agrotis segetum* Schiff.) auf Kulturen und in Pflanzgärten eine Rolle. Ihre Raupen fressen unter oder nachts auch über dem Boden an den Wurzeln und den Stämmen junger Forstpflanzen und bringen sie zum Absterben. Bekämpfung mit Hexa-Engerlingsbekämpfungsmitteln.

4. **Wollspinner** (Lymantriidae). Meist behaarte Raupen, teils mit ausstreckbaren, bunten Warzen auf dem 9. und 10. Körperring.

Nonne (*Lymantria monacha* L.) (M) (Abb. 23 a). Fliegt Juli/August und legt ihre Eier meist unter Rindenschuppen in mehr oder weniger großen Gelegen ab. Nach Überwinterung schlüpfen die Raupen (Abb. 23 b) Ende April/Anfang Mai. Sie fressen an fast allen Holzarten, schaden aber am meisten bei Fichte, die sich nach starkem Lichtfraß nicht wieder erholt, während die Kiefer auch einen Kahlfraß überstehen kann. Die Verpuppung erfolgt im Juli/August in Rindenritzen oder in den Zweigen (Abb. 23 a). Bei ihrer Vernichtung spielen die **Puppenräuber** (*Calosoma sycophanta* L.) und die **Nonnenraupenfliege** (*Parasetigena segregata* Rud.) eine gewisse Rolle. Auf natürlichem Wege brechen aber Nonnenmassenvermehrungen im allgemeinen durch die **Polyeder- oder Wipfelkrankheit** zusammen, leider meist zu spät. Bekämpfung dieses wichtigen primären Schäd-

Abb. 23 a. Nonne (*Lymantria monacha* L.), oben Männchen, unten Weibchen

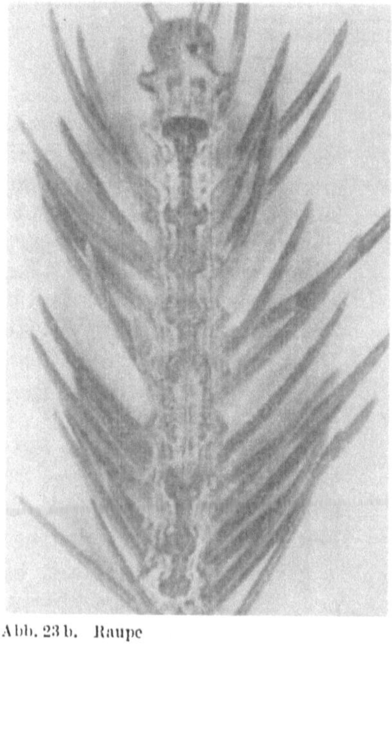

Abb. 23 b. Raupe

Abb. 23 c. Puppen. Vergr. b. und c. 2×
Phot. H. Schieferdecker, Eberswalde

lings mit Berührungsgiften.

Schwammspinner (*Lymantria dispar* L.). Fliegt im August/September. Die bis 800 Eier enthaltenden Gelege sind mit der braungoldenen Afterwolle des Weibchens bedeckt (Eischwämme, Name!) und werden an der Rinde von Stämmen oder stärkeren Zweigen abgelegt. Befressen werden die meisten Laub- und Nadelhölzer. Besonders gefährdet ist die Eiche. Als Folge tritt Zuwachsverlust ein. Eine Bekämpfung mit Berührungsgiften macht sich in erster Linie in der Nachbarschaft von Obstgärten und -plantagen notwendig, da diese ebenfalls gefährdet sind.

Buchenrotschwanz (*Dasychira pudibunda* L.). Fliegt Mai/Juni und frißt an den meisten Holzarten, besonders allerdings an Buche. Trotzdem ist die Gefährdung der Bestände nicht sehr groß, weil der Kahlfraß erst im Herbst eintritt, so daß die Knospen noch ausgebildet werden und im nächsten Jahr wieder austreiben. Verpuppung im Oktober in Verstecken oder im Boden. Bekämpfung mit Berührungsgiften nur notwendig bei mehrjährigem Fraß, oder in Fremdenverkehrsgegenden, da die Gifthaare der Raupen dem Menschen lästig sind.

Schlehenspinner (*Orgyia antiqua* L.). Fliegt Juni/Juli und September. Die **Weibchen** haben **Stummelflügel** und legen die Eier deshalb meist auf ihren leeren Kokons ab. Befressen werden Laub- und Nadelhölzer. Besonders gefährdet sind junge Fichtenpflanzen auf Kulturen. Bekämpfung mit Berührungsgiften.

Goldafter (*Euproctis chrysorrhoea* L.). Fliegt Juni/Juli. Die meist an Blattunterseiten abgelegten Eigelege sind mit goldgelber Afterwolle bedeckt. Die im Herbst schlüpfenden Raupen überwintern in sehr festen **Raupennestern**. Befressen werden die verschiedensten Laubholzarten. Oft schwerer Schaden an Eiche. Bekämpfung durch Behandlung der Raupennester ausgangs des Winters mit Berührungsgiften.

5. **Glucken** (Lasiocampidae). Plumpe wollhaarige Falter.

Kiefernspinner (*Dendrolimus pini* L.) (M) (Abb. 24 a). Flugzeit Juli/August. Eiablage in mehr oder weniger großer Zahl (bis 150 St.) an Stammrinde, dünne Zweige, und Nadeln. Von August an fressen die Raupen an Kiefernnadeln und gehen im Spätherbst zur Überwinterung in den Boden. Im März/April baumen sie wieder auf und fressen weiter. Die erwachsenen Raupen benötigen sehr viel Nahrung (Nadeln, Knospen, Triebrinde), so daß befallene Bestände zu dieser Zeit in wenigen Tagen entnadelt sein können. Die Verpuppung findet im Juni in schmutzig-weißgrauen bis gelblich-braunen, spindelförmigen, dünnwandigen Kokons (Abb. 24b) statt. Ein Teil der Raupen überwintert ein zweites Mal im Boden. Schaden oft recht bedeutend, um so mehr als sich eine solche Massenvermehrung häufig einige Jahre hintereinander wiederholt. Als wichtigste Parasiten finden wir kleine **Schlupfwespen**, deren Larven die **Kiefernspinnereier** ausfressen und manchmal Massenvermehrungen des Schädlings zum Erlöschen bringen können. Raupen werden in feuchten Wintern durch den Pilz *Cordyceps militaris* (L.) K. abgetötet. Bekämpfung mit Hilfe des Giftspritzringes, der Stammfußbepuderung (nach stärkerem Regen zu wiederholen) oder durch Berührungsgifte aus der Luft.

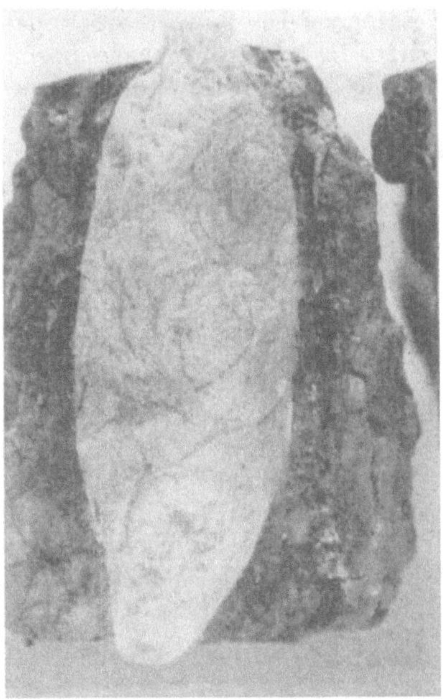

Abb. 24. a) Kiefernspinner (*Dendrolimus pini* L.)
b) Puppenkokon
Vergr. b. 2×
Phot. Jarisch, Eberswalde

Prozessionsspinner (Thaumetopoeidae). Raupen mit unangenehm wirkenden Gifthaaren, sie leben in Nestern.

Bei uns werden schädlich: der **Kiefernprozessionsspinner** (*Thaumatopoea pinivora* Tr.) und der **Eichenprozessionsspinner** (*T. processionea* L.), von denen der letztere im August/September fliegt und seine Eier in Platten an der Rinde ablegt. Seine Raupen fressen nach ihrem Schlüpfen ab April/Mai an Eiche. Die Kokons sind wabenartig versponnen. Der Schädling bewohnt vorwiegend Wälder **westlich** der Elbe. Der **Kiefernprozessionsspinner** fliegt Mai/Juli. Die Eiablage erfolgt in rohrkolbenartigen Gelegen an Kiefernnadelpaaren, wo sie auch überwintern. Vom Frühjahr bis Herbst findet man den Fraß besonders in lückigen, schlechtwüchsigen Beständen. Die Raupen verpuppen sich im August/September in größeren Mengen beieinander im Boden, wo ein Teil von ihnen überliegen kann. Lebt hauptsächlich **östlich** der **Elbe**. Bekämpfung bei beiden Arten mit Berührungsgiften.

NÜTZLICHE INSEKTEN

I. Wanzen (Heteroptera)

Eine Anzahl Wanzenarten nähren sich vorwiegend oder nur von tierischen Körpersäften und vernichten dabei auch Forstschädlinge, wie Schmetterlingsraupen, Larven der Kleinen Fichtenblattwespe, der Buschhornblattwespen, von Käfern, frische, noch weiche Puppen von Schmetterlingen, ja sogar die flugunfähigen Weibchen der Frostspanner oder frischgeschlüpfte Falter anderer Schmetterlinge.

II. Käfer (Coleoptera)

Kletterlaufkäfer (*Calosoma*-Arten). Larven und Käfer stellen auf den Bäumen Raupen und Puppen von Schmetterlingen nach. Ihr Nahrungsbedarf ist sehr groß. Deshalb sind sie sehr nützlich. NOLTE berechnete auf Grund seiner Zuchten einen jährlichen Bedarf eines Käferpaares und seiner Nachkommen auf 3 700 Nonnenraupen und -puppen. Während der schillernd grün gefärbte **Puppenräuber** (*Calosoma sycophanta* L.) (Abb. 25) bei einer ganzen Anzahl von Schmetterlingsarten, z. B. Nonne, Schwammspinner, Goldafter, Prozessionsspinner usw., Nutzen stiftet, lebt der **Kleine** dunkelbronzebraune **Kletterlaufkäfer** (*Calosoma inquisitor* L.) in erster Linie von Frostspannern.

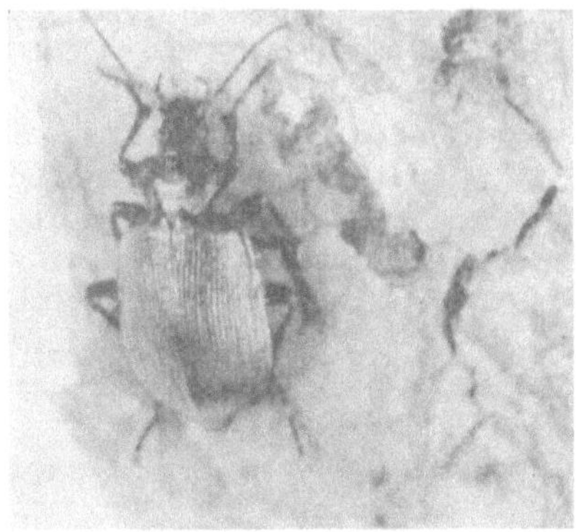

Abb. 25. Puppenräuber (*Calosoma sycophanta* L.) Phot. R. Prüfer, Tharandt

Als Nützlinge im Walde treten auch zahlreiche andere, besonders die größeren Laufkäferarten auf. Sie können ihre Beute aber nur am Boden ergreifen, da sie nicht klettern können.

2. Vierpunktaaskäfer (*Xylodrepa quadripunctata* L.). Macht auf den Bäumen Jagd auf Schmetterlingsraupen und Blattwespenlarven. Es ist die einzige Aaskäferart, die klettert und räuberisch lebt.

3. Marienkäfer (Coccinellidae). Larven und Käfer leben in erster Linie von Blattläusen, aber gelegentlich auch von Schildläusen, Käfer- und Blattwespenlarven sowie Schmetterlingsraupen. Im Wald kommt die Art *Anatis ocellata* L. am häufigsten vor. Sie ist außerdem die größte einheimische Art. Wie groß die Be-

deutung dieser Tiere für die Vertilgung von Blattläusen ist, sieht man daran, daß nach Boeker die Larve unserer häufigsten Art, des **Siebenpunktes** (*Coccinella septempunctata* L.), in 13 Tagen 267 Blattläuse fraß. Eine nahezu erwachsene Larve von *Anatis ocellata* L. benötigte pro Tag 30—70 Läuse. Die Käfer selbst kleiner Arten (*Adalia bipunctata* L.) verbrauchten nach Beobachtungen des Verfassers täglich 30—40 Stück. Selbst eingeschleppte Blattläuse, wie die aus Nordamerika stammende **Douglasienwollaus** (*Gilletteella cooleyi* Gill.), werden bei uns von einer *Adalia*-Art gefressen. Die Marienkäferarten haben meist zwei Generationen im Jahr.

4. Schnellkäfer (Elateridae). Von einigen Schnellkäferarten können die meist schädlichen Larven, **Drahtwürmer** genannt, gelegentlich auch einmal in größerem Umfang Nutzen bringen. Sie fressen einesteils die im Boden überwinternden Puppen von Forstschädlingen aus (z. B. Kokons von Buschhornblattwespen und Puppen des Kiefernspanners), andernteils stellen sie unter Baumrinde den Larven und Puppen von Rüsselkäfern, Bockkäfern und Fliegen nach.

5. Ameisenbuntkäfer (*Thanasimus formicarius* L.). Der Käfer frißt Borkenkäfer, während seine Larve in deren Gängen die Käfernlarven verzehrt. Besonders zahlreich in Waldgärtnergängen.

6. Breitrüßler (Anthribidae). Larven leben je nach Art in verschiedenen **Schildlausarten** (z. B. **Fichtenquirlschildlaus**). Auch der Käfer frißt Schildläuse und ihre Larven, aber gelegentlich auch **Nonneneier**.

Vertreter aus zahlreichen Käferfamilien leben in Borkenkäfergängen und verzehren dort deren Larven und Puppen.

III. Hautflügler (Hymenoptera)

1. Schlupfwespen (Entomophaga). Sehr verschieden an Größe, Gestalt und Farbe. Die Larven fressen Eier, Larven und Puppen der verschiedensten Insekten aus.

Manche Arten entwickeln sich nur in einer Insektenart, andere leben in zahlreichen Arten. Die Verpuppung erfolgt entweder im Wirt oder außerhalb desselben, oft im Boden, dann allerdings meist in einem Kokon. Die Eiablage erfolgt vorwiegend in oder an dem Wirt. Zahlreiche Arten sind für die Vernichtung von Forstschädlingen sehr wichtig. Eine große Rolle spielen trotz ihrer geringen Größe die Eiwespchen.

2. Ameisen (Formicidae). Dies sind soziale Hautflügler, deren Völker aus Männchen, Weibchen (Königinnen) und Arbeiterinnen bestehen. Letztere sind Weibchen mit zurückgebildeten Eierstöcken. Das Zahlenverhältnis dieser drei Stände unterscheidet sich bei den verschiedenen Arten, ja sogar bei den Rassen, was, wie wir sehen werden, für die künstliche Vermehrung von Wichtigkeit ist. Ihre Nester liegen über oder unter der Erde, oder wir finden kombinierte Nester. Die Geschlechtstiere sind anfangs geflügelt. Nach dem Hochzeitsflug verlieren die Königinnen die Flügel. Manche Ameisenarten — und dazu gehört auch die hier erörterte — benötigen bei Begründung einer neuen Kolonie eine andere Ameisenart als **Hilfsameise**, die der Königin die Brut aufzieht. Sehr nützlich ist die **Rote Waldameise** (*Formica rufa* L.), die zahlreiche Rassen bildet. Ihre Nester kann man künstlich vermehren. Nach Gösswald eignet sich die **Kleine Rote Waldameise** am besten zur Zucht. Das liegt daran, daß sie sehr verträglich ist, in jedem Nest viele Königinnen hat, meist in Nadelholzbeständen lebt und sehr individuenreich (bis 1 Million pro Nest) ist. Sie vertilgen viele Insekten und werden dadurch nützlich. Am deutlichsten sichtbar wird ihr Nutzen durch die sogenannten Ameisenhorste. Das sind die Bäume in der Umgebung von Ameisennestern, die innerhalb großer Schädlingskahlschlagflächen grün bleiben, wie dies der Verfasser während der Kieferneulenkalamität der zwanziger Jahre in der Johannisburger Heide beobachtet hat. Escherich nimmt an, daß der Jahresverbrauch eines Ameisenhaufens bei 10 Millionen In-

sekten liegt, und zwar werden Vertreter der verschiedensten Insektenordnungen, wie Käfer, Schmetterlingsraupen, Blattwespenlarven usw., erbeutet. EIDMANN hat untersucht, wieviel Schädlinge unter diesen waren. Er erhielt 42% Forstschädlinge, 16% Nützlinge sowie 28% indifferente Insekten (14% unbestimmbar). Dieses Verhältnis dürfte aber je nach den Umständen stark schwanken. So ermittelte in einem Fall BEHRENDT 90% Forstschädlinge. Ein weiterer Vorteil der Kleinen Roten Waldameise liegt darin, daß sie während der gesamten Vegetationsperiode nützen kann, während Schlupfwespen, Raupenfliegen und andere Nützlinge nur zeitlich beschränkten Nutzen bringen. Das wichtigste ist aber wohl, daß sie auch Zeiten, die schädlingsfrei sind, in großer Individuenmenge überstehen können. Allerdings schaden sie in schädlingsarmen Zeiten durch Blattlauszucht. Die Nester müssen gegen Mensch und Tier durch Schutzhauben geschützt werden. Außer den „Ameiseneiersammlern", die die Puppen der Tiere räubern und sich damit nach dem Naturschutzgesetz strafbar machen, zerstören auch Spechte, Schwarz-, Rotwild, Fuchs, Dachs usw. die Ameisennester.

IV. Zweiflügler (Diptera)

1. Raubfliegen (Asilidae). Die meist stark behaarten, großen Fliegen jagen Schadinsekten (Große Braune Rüsselkäfer, Borkenkäfer usw.), ihre Larven die Larven und Puppen dieser Insekten.

2. Stilettfliegen (Therevidae). Während diese Fliegen wahrscheinlich nur gelegentlich tierische Nahrung zu sich nehmen, leben ihre Larven ausgesprochen räuberisch in der Bodenstreu. Hier stellen sie einigen der dort überwinternden Stadien von Forstinsekten nach, so z. B. den Kiefernspinnerraupen, Puppen der Kieferneule und des Schwärmers usw. Über ihren zahlenmäßigen Nutzen ist noch nichts Genaues bekannt.

3. Schwebfliegen (Syrphidae). Die Larven der Unterfamilie Syrphinae, die vorn zugespitzt sind und sich spannend fortbewegen, leben vorwiegend von **Blattläusen**, gelegentlich auch von kleinen Raupen und Käfer- bzw. Blattwespenlarven. Als Blattlausfeinde sind sie sehr bedeutungsvoll. So fraß nach Beobachtungen des Verfassers eine 8,5 mm lange Schwebfliegenlarve an einem Tage durchschnittlich 100 Blattläuse. Die meisten Schwebfliegenarten scheinen nicht auf bestimmte Blattlausarten spezialisiert zu sein. Manche dringen sogar in Blattlausgallen ein (Kurir).

4. Raupenfliegen (Tachinidae). Die Raupenfliegen legen ihre Eier meist an ihre Wirte oder an deren Fraßpflanzen, selten in die Tiere selbst, ab. Besonders viele Eier gehen bei der Ablage an die Fraßpflanze verloren. Um dem aber wenigstens teilweise vorzubeugen, legen die Fliegen, (z. B. die Kieferneulenraupenfliege) ihre Eier an die Kriechspuren der Wirtsraupen, die mit einem Gespinstfaden markiert sind und auf denen diese meist ihren Rückweg antreten. Sie erhöhen dadurch die Wahrscheinlichkeit der Infektion. Die kurz nach der Eiablage schlüpfenden Fliegenlarven streifen die Eihaut nach unten zurück und sitzen darin wie in einem Becher. Aus ihrer Mundöffnung tritt ein klebriges Tröpfchen aus, mit dem sie sich an einer vorüberkriechenden Raupe festheften. Alle Larven, die an keinen Wirt gelangen, gehen zugrunde. Aber auch die Parasiten, die wie die Nonnenraupenfliege, ihre Eier direkt an den Wirt legen, haben größere Eiverluste, die durch eine entsprechende Eiüberproduktion ausgeglichen werden. Die Eier, die schon als weiße, ovale Gebilde an der Raupenoberfläche angeheftet sichtbar sind, schlüpfen zwar schon nach kurzer Zeit, und die Larven dringen dann sofort in das Wirtstier ein. Trotzdem geht aber auch von ihnen ein größerer Prozentsatz verloren, nämlich dann, wenn sich der Wirt in der Zeit zwischen Eiablage und Schlüpfen der Fliegenlarve häutet und dabei mit der alten Haut auch die Parasiteneier abstößt. Ein weiterer Ver-

lust an Parasitenindividuen tritt dadurch ein, daß sich in vielen Wirtsarten, z. B. der Nonne, jeweils nur eine Parasitenlarve zur Fliege entwickeln kann. Verfasser fand aber in bzw. an einer einzigen Nonnenraupe bis zu 18 Raupenfliegeneier und Larven. In einem solchen Fall gehen diese alle zugrunde. Die Larven der Raupenfliegen leben in Larven, Puppen oder Vollinsekten ihrer Wirtstiere. Manche sind auf eine besondere Art spezialisiert, andere haben verschiedene Wirtsarten. Ihre Bedeutung kann recht groß sein. Besonders große Vorteile bieten natürlich die Arten, die in verschiedenen Wirtsarten leben können, weil von ihnen auch, wenn der betreffende Forstschädling nicht vorhanden ist, eine größere Anzahl vorkommt, die dann inzwischen von anderen Insekten lebt. Beginnt nun eine Schädlingsmassenvermehrung, so kann die verhältnismäßig große Zahl Parasiten bereits zu Anfang erfolgreich eingreifen. Die auf einen Schädling spezialisierten Arten sind zu Beginn einer Massenvermehrung ihrer Wirte selten und benötigen einige Jahre, um sich entsprechend zu vermehren. Erst dann kann der Parasit wirksam werden. Bis dahin hat aber der Schädling meist bereits beträchtlichen Schaden angerichtet, so daß dem Menschen nichts weiter übrig bleibt, als mit chemischen Mitteln einzugreifen, wobei er in den meisten Fällen auch den Nützling weitgehend mit vernichtet. Die Vorteile einer Art, die in mehreren Wirten lebt, können sich aber meist nur im Mischwald auswirken, weil im Reinbestand die zahlreichen Wirtsarten fehlen. Also auch von diesem Standpunkt aus ist die Begründung von Mischbeständen zu begrüßen.

V. Prognosemethoden

Mit Hilfe der Prognosemethoden verschafft man sich einen Einblick in den Stand der Vermehrung von Schädlingen. Hierbei werden ihre Stärke und flächenmäßige

Ausdehnung festgestellt. Nur so ist es möglich, die notwendigen Bekämpfungsmaßnahmen vorzubereiten. Deren rechtzeitige Planung ist schon deshalb nötig, damit ausreichend Giftstoffe, Geräte und Hilfskräfte zur Verfügung stehen. Je nach der zu erwartenden Schädlingsart müssen verschiedene Prognosemethoden angewandt werden. Dabei sind kurzfristige Prognosen am sichersten.

1. Forstlicher Schädlingsmeldedienst. Um entstehende Schädlingsmassenvermehrungen rechtzeitig zu erkennen, ist in der Deutschen Demokratischen Republik ein Forstlicher Schädlingsmeldedienst eingerichtet worden. Dadurch können schwerere Schäden vermieden und die Bekämpfungsmaßnahmen verbilligt werden. Die über das ganze Land verteilten Meldestellen (Staatliche Forstwirtschaftsbetriebe u. a.) erhalten Meldekarten, auf denen die wichtigsten Schadinsekten, Pilze und Wirbeltiere als meldepflichtig aufgeführt sind. Hierunter fallen von den Forstinsekten: Kiefernspanner, Kiefernspinner, Kieferneule, Nonne, Frostspanner, Saateulen, Eichenwickler, Kieferntriebwickler, Fichtenblattwespen, Kiefernbuschhornblattwespen, Kieferngespinstblattwespen, Fichtengespinstblattwespen, Maikäferflug, Engerling, Großer Buchdrucker, Großer und Kleiner Waldgärtner, andere Borkenkäfer, Wurzelbrüter, Großer Brauner Rüsselkäfer, Rotbein, *Pissodes*-Rüßler, Graurüßler, Prachtkäfer, Bockkäfer, Korbweiden- und Pappelschädlinge. Die Wirbeltiere sind vertreten durch: Mäuse, Rot-, Reh-, Schwarz- und Damwild, Hase und Kaninchen, die Pilze durch: Kiefernschütten, Douglasienschütten, Kienzopf, Strobenrost, Rotfäule, Kieferntriebsterben, Hallimasch, Eichenmehltau, Sämlingskrankheiten, Krankheiten in Samenplantagen und Pappelkrankheiten. Maikäfer, Kiefernbuschhorn- und Gespinstblattwespen und andere, die in verschiedenen Arten auftreten können, sind mit ? versehen. Es soll also jeweils die vorkommende Art angegeben werden. Bei Rotfäule, Hallimasch und Eichenmehltau ist die Holzart aufzuführen, an der diese

Pilze beobachtet werden. Außerdem ist Raum zur Angabe weiterer Schädlinge vorgesehen. Hinter den Namen braucht die Meldestelle nun nur 1—3 Kreuze zu setzen, je nach der Häufigkeit der Schädlinge. Ferner sollen die geschätzte Schadflächengröße in Hektar und, wenn notwendig, die Stadien (E = Ei, L = Larve, I = Vollinsekt) angegeben werden. Diese Meldungen werden für die Bezirke Frankfurt a. d. O., Potsdam, Magdeburg, Halle, Rostock, Schwerin und Neubrandenburg an die **Hauptstelle für Forstlichen Pflanzenschutz Eberswalde** und für alle übrigen Bezirke an die entsprechende Dienststelle in **Tharandt** gesandt, und zwar von März bis Oktober monatlich, in der übrigen Zeit jeden zweiten Monat. Meldeergebnisse werden dort in Sammelberichten zusammengestellt und diese den vorgesetzten Dienststellen und den Meldestellen zugesandt. Dieses Verfahren hat sich deshalb bewährt, weil dadurch das Interesse der Meldestellen eher wachgehalten wird. Diese haben auch die Möglichkeit, festzustellen, welche Schädlinge in den Nachbargebieten vorkommen.

2. Falterflugkontrolle. Will man sich über die Stärke und Verbreitung einer Schmetterlingsart vergewissern, kann man an bestimmten numerierten Stämmen in regelmäßigen Zwischenräumen (jeden 1., 2. oder 3. Tag) bis in 2 m Höhe die dort sitzenden Falter zählen und töten. Das ergibt aber natürlich nur relative Werte, die höchstens in sehr schwer befallenen Gebieten brauchbar sind. Für eine endgültige Prognose müssen noch weitere Methoden (Ei-, Puppenhülsen- oder Bodensuchen) zu Hilfe genommen werden, um so mehr, als der Falterflug auch nichts über den Gesundheitszustand der Schädlingsart aussagt. Zur Abgrenzung eines schwer befallenen Gebietes reicht das Verfahren ebenso wenig aus.

Man hoffte ursprünglich auch die sogenannte **Dyksche Anlockmethode** zu Prognosezwecken, ja sogar zu Bekämpfungszwecken verwenden zu können. Diese beruht darauf, daß die Männchen von Schmetterlingen,

z. B. des Schwammspinners und der Nonne, durch den Geruch unbefruchteter Weibchen ihrer Art auf einige hundert Meter angelockt werden. Man umgibt zu diesem Zwecke am einfachsten einen Stamm in Reichhöhe mit einer möglichst regenfesten Papiermanschette von 1,5—2 m Breite, befestigt in deren Mitte einen paraffinierten Pappbecher mit einem unbefruchteten Weibchen und bestreicht die Manschette mit Raupenleim. Die angelockten Männchen kleben dann unter Umständen zu Hunderten auf dem Leim fest. Die Zahl der angelockten Männchen entspricht leider nicht der Befallsstärke. Bei geringem Befall fliegen häufig mehr Männchen an als bei starkem, weil im letzteren Fall die Konkurrenz der zahlreichen frei im Walde befindlichen unbefruchteten Weibchen zu groß ist. Das Verfahren kann also auch nur zur allgemeinen Orientierung herangezogen werden.

3. Eisuche. Diese ist zwar eine mühevolle, aber recht gute Methode zur Ermittlung des Auftretens der **Nonne** (*Lymantria monacha* L.). Über das Befallsgebiet verteilt werden durchschnittlich pro 100 Hektar 2—3 Probestämme gefällt. Im Zentrum der Befallsfläche genügen weniger Stämme, am Rande sollte man mehr nehmen. Diese müssen Mittelstämme sein, und zwar nicht nur in Bezug auf den Stammdurchmesser, sondern auch betreffs der Rindenbeschaffenheit. Ebenfalls sind bei Mischbeständen sämtliche vorhandenen Holzarten zu berücksichtigen. Das ist deshalb wichtig, weil der Eibelag je nach der Rindenbeschuppung der einzelnen Holzarten sehr unterschiedlich ist. So können Lärchen innerhalb eines Lärchen-Fichten-Bestandes die hundertfache Eizahl gegenüber den Fichten haben. Bei großen Befallsflächen sind Spezial-Eisuchrotten einzusetzen, die u. U. auch anschließend an Nachbarbetriebe abgegeben werden sollten, um den Suchfehler herabzusetzen. Dieser Fehler beträgt bei nicht geübten Sucherinnen oft bis zu 50%, geübte übersehen meist nur 10—15%, doch richtet sich dies auch nach der Stärke des Befalls. Bei geringerem Befall ist er höher als

bei stärkerem Auftreten des Schädlings. Die Probestämme sind über Tüchern nach Eiern in ihrer Gesamtlänge abzusuchen. Dabei muß man mit Hilfe eines kräftigen Spatels alle Rindenschuppen, unter denen sich die Nonneneier vorwiegend aufhalten, ablösen. Die Eier sind getrennt nach über und denen unter 4 m am Stamm gefundenen zu zählen und zur Untersuchung des Gesundheitszustandes an die zuständige Hauptstelle für Forstlichen Pflanzenschutz einzusenden. Nötig sind dabei genaue Angaben über Holzart, Bestandsalter, Mischholzprozente, Stammnummer, Datum, Revier, Forstort, Waldeigentümer, Höhenlage und Bestandsbeschreibung sowie der Name der verantwortlichen Waldarbeiterin. Die Suche beginnt Anfang September und schließt möglichst vor dem ersten Schneefall ab.

Gelegentlich wird Eisuchen auch bei anderen Schadinsekten (z. B. Kiefernspanner, -spinner, -eule, -buschhornblattwespe und -prozessionsspinner), allerdings meist nur stichprobenartig, durchgeführt, um den Gesundheitszustand der Eier festzustellen. In diesen Fällen müssen hauptsächlich die Nadeln der Kiefern abgesucht werden. Dabei sind die Äste in kleine Stücke zu zerteilen und diese einzeln abzusuchen, da sonst zu viele Eier übersehen werden. Zu eigentlichen Prognosezwecken wird dieses Verfahren aber nur noch beim Kiefernprozessionsspinner angewandt.

4. Puppenhülsensuche. Dieses von G. Wellenstein stammende Verfahren kann nur bei der **Nonne** Anwendung finden. An gefällten Probestämmen, die ebenso zu verteilen sind wie die bei der Eisuche, werden Ende September die letztjährigen (sauberen) Puppenhülsen sowie deren Bruchstücke, die toten Vorpuppen und Puppen gesucht. Unter Vorpuppen versteht man die Raupen, die sich kurz vor der Verpuppung etwas verkürzt und bereits an der Unterlage (an Rinde oder Zweigen) angesponnen haben und dann gestorben sind oder von einem Parasiten (meist einer **Raupenfliegenlarve**) verlassen wurden. Sie werden ohne Füllmaterial,

nach Stämmen getrennt, mit den gleichen Angaben wie die Eier versehen, an die zuständige Hauptstelle gesandt. Man muß bestrebt sein, unverletzte Puppenhülsen auch unverletzt einzusenden. Das Institut kann aus dem Weibchenanteil, der Puppenhülsengröße und der Sterblichkeit wichtige Schlüsse in Bezug auf die Weiterentwicklung der Massenvermehrung des Schädlings ziehen. Finden sich große weibliche Puppen, mehr Weibchen als Männchen und ein geringer Prozentsatz toter bzw. parasitierter Puppen, so besteht Gefahr einer weiteren Zunahme der Nonne. Ist das Gegenteil der Fall, so bricht die Kalamität voraussichtlich bald zusammen. Dieses Verfahren eignet sich besonders bei bereits sehr starkem Nonnenauftreten. Die Puppenhülsen sind sowohl am Stamm als auch in der Krone zu suchen, letzteres ebenfalls nach Zerkleinern der Zweige. Stichprobenartig sollten aber auch hier Eier gesucht werden, um deren Gesundheitszustand festzustellen.

5. Kiefernstreuuntersuchung. Da die meisten schädlichen Kieferninsekten im Boden bzw. in der Streu überwintern, ergibt eine Suche nach diesen Tieren im Spätherbst und Winter im Boden eine ausgezeichnete Übersicht über die Stärke ihres Vorkommens. In festgelegten Probebeständen werden jährlich je 4 Probeflächen von 1×5 m abgesucht. Bei Massenauftreten eines hier in Frage kommenden Schädlings muß die Flächenzahl nach Bedarf vergrößert werden. An einem Ende einer solchen Fläche muß ein Stamm stehen. Mit einer kurzgestielten Harke entfernen die Frauen, die unter dauernder Aufsicht eines Verantwortlichen stehen müssen, die Streu, die gewissenhaft durchsucht wird. Das gleiche gilt für die obersten 3—4 cm des Mineralbodens. Beim Vorhandensein von Gespinstblattwespenlarven muß man bei der Suche etwas tiefer in den Boden eindringen. Die Suche kann erst nach stärkerem Frost, allerdings nur bei offenem Boden, beginnen. Es können dabei gefunden werden (Abb. 26):

Puppen des Kiefernschwärmers, der Kieferneule, Puppen oder Vorpuppen (noch raupenähnlich) des Kiefernspanners, Kokons des Kiefernprozessionsspinners und der Kiefernbuschhornblattwespen, Raupen des Kiefernspinners und Larven der Gespinstblattwespen. An Nützlingen sind meist vorhanden: Schlupfwespenkokons,

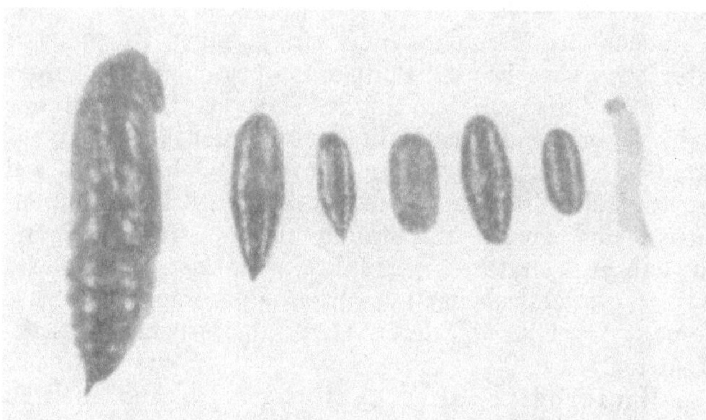

Abb. 26. In der Kiefernstreu zu findende Insekten: Von links nach rechts. Puppe des Kiefernschwärmers, der Kieferneule, des Kiefernspanners, Kokon der Kiefernbuschhornblattwespe, Schlupfwespenkokon, Raupenfliegentönnchen, Larve der Kieferngespinstblattwespe
Phot. H. Schieferdecker, Eberswalde

Raupenfliegentönnchen und Therevidenlarven. Die Kiefernschwärmerpuppe erkennt man an ihrer beträchtlichen Größe (4 cm) und einer nasenartigen Rüsselscheide. Alle Eulenpuppen tragen an ihrem Hinterende zwei Dornen; die Kieferneulenpuppe unterscheidet sich aber von allen anderen Eulenpuppen durch einen dunklen Wulst auf dem Rücken des 4. Hinterleibsringes. Im Gegensatz dazu haben die Kiefernspannerpuppen, die größtenteils etwas kleiner sind als die Eulenpuppen, nur eine Spitze am Hinterleib. Es kommen auch andere Spannerpuppen in der Streu vor, die zum Teil schädlich und teilweise indifferent sind. Sie kann man an der Form der Hinterleibsspitze unterscheiden. Die Puppen des Kiefernprozessionsspinners sind die einzigen in der Kiefernstreu befindlichen schädlichen Schmetterlingspuppen mit einem dünnen Kokon. Sie verpuppen sich familienweise beieinander. Die Kokons verschiedener Arten der Kiefernbuschhornblattwespen sind fest, braun und an beiden Seiten gleich abgerundet. Der Kiefernspinner findet sich als Raupe von 3—4 oder 6—7 cm Länge in der Streu. Sie sind behaart und haben zwei blaue Nackenstreifen. Die größeren Raupen überwintern schon das zweite Mal. Das ist aber nur bei einem verschieden großen Prozentsatz der Fall. Als Larven überwintern auch die Kieferngespinstblattwespen. Sie haben keine Hinterleibsbeine, dafür aber am Körperende ein Paar kleine gegliederte Anhänge (Cerci). Sie überwintern meist mehrere Jahre im Boden (überliegen). Hier muß im Frühjahr nochmals stichprobenartig nachgesucht werden. Bei den Larven, die sich in dem betreffenden Jahr noch verpuppen und schlüpfen werden, zeigen sich zu dieser Zeit an den Kopfseiten ovale dunkle Flecken, die sogenannten Puppenaugen. Bei allen schlanken Kokons, die auf Kieferneulenflächen meist schwarz gefärbt sind, handelt es sich um Schlupfwespenkokons. Die Raupenfliegentönnchen sind meist so groß wie Buschhornblattwespenkokons, aber dunkelbraun gefärbt. An ihrer Oberfläche sind noch die ehemaligen Körperringe der Larve sichtbar, weil das Tönnchen von der letzten Larvenhaut gebildet wird. Die ebenfalls nützlichen Stilettfliegenlarven sind drahtartig langgestreckt, weiß mit braunem Kopf. Schließlich seien noch die kritischen Zahlen der hier in Frage kommenden Schädlinge angegeben. Unter einer kritischen Zahl versteht man die Anzahl eines Schädlings, bei deren Auftreten mit Kahlfraß der Bestände zu rechnen ist. Bei der Kieferneule sind dies durchschnittlich 1—1,5 Puppen pro Quadratmeter, beim Kiefernspanner 6 Stück/m^2 und beim Kiefernspinner 10 Raupen/m^2. Das sind natürlich Durchschnittswerte, die sich je nach Alter und Art des Bestandes ändern.

Das Material ist auf seine Parasitierung und auf den Gesundheitszustand zu untersuchen (Proben an Institut einsenden). Es muß in luftige Behältnisse verpackt (keine Blechbüchsen!) und baldigst eingeschickt werden. Auch die in der Streu gefundenen Nützlinge sind unbedingt, nicht nur auf ihren Gesundheitszustand, sondern auch auf eine oft sehr starke Überparasitierung zu prüfen.

6. Probefällungen. Über das Schadgebiet verteilt werden auf Planen Probestämme gefällt und in der Krone befindliche bzw. auf die Plane herabgefallene Raupen gezählt. Da durch die Zweige benachbarter Bäume oft Raupen beim Fall des Probestammes abgestreift werden, ist es besser, die Zweige des letzteren von Zapfenpflückern abschneiden und einzeln auf Planen herabwerfen zu lassen.

7. Kotfallkontrolle. Genauere Ergebnisse als die vorige Methode liefert die Kotfallkontrolle. Hierbei werden im Befallsgebiet verteilt Kottische aufgestellt, die mit Kottafeln von ca. 30 × 30 cm aus Pergamentpapier bespannt sind. Letztere tragen ein Gitternetz aus 36 Quadraten, die das Auszählen des Kotes erleichtern sollen. Bei sehr starkem Kotfall braucht man also nicht die gesamte Kottafelfläche auszuzählen, sondern nur den Kot auf den in den Diagonalen liegenden Quadraten zu zählen und entsprechend zu multiplizieren. Die Kottafeln werden mit Raupenleim dünn bestrichen und 3- bis 4mal hintereinander 24 oder 48 Stunden ausgelegt. Da die Fraßintensität und damit der Kotfall sich weitgehend nach der Witterung, besonders nach der Temperatur, richten, genügt das Ergebnis eines Tages nicht, da man dann keine Durchschnittswerte erhält. Zahl und Art des innerhalb eines Tages gefallenen Kotes sind festzustellen. Aus ersterer kann man auf die in einer Baumkrone befindliche Raupenzahl schließen. Da aber gelegentlich mehrere Schädlingsarten im gleichen Bestand schädlich werden, muß man die Kotformen

der einzelnen Schädlinge kennen. Die Kieferneule hat langgestreckten Kot mit 2 Querfurchen (zeilensemmelähnlich), die Kiefernspinnerraupe ebenfalls länglichen, 2- bis 3mal eingeschnürten Kot mit 6 Längsrinnen. Der Kiefernspannerkot ist eckig. Die einzelnen Nadelstückchen sind noch gut zu erkennen. 6 Längs- und 2 Querfurchen sehen wir an dem säulchenförmigen Kot der Nonnenraupe. Die Kiefernbuschhornblattwespen haben rhombischen Kot, bei dem auch die Nadelstückchen noch erkennbar sind.

8. Engerlingssuche. Zur Feststellung der Engerlingshäufigkeit auf gefährdeten Kulturen und Kämpen dient die Engerlingssuche. Dabei sind auf je 1 ha Fläche drei 0,6 m tiefe, 0,5 m breite und 2 m lange Bodeneinschläge herzustellen und das anfallende Erdreich genauestens nach Engerlingen abzusuchen. Ein erwachsener Maikäferengerling kann schon beträchtlich schaden. Wenn man Maikäferengerlinge aus der Erde nimmt und auf eine Tischplatte legt, bleiben sie auf der Seite liegen, während die ebenfalls im Boden zu findenden Larven der übrigen Blatthornkäfer, wie Juni-, Juli-, Gartenlaubkäfer u. a., sich auf die Bauchseite drehen und auf dieser wegkriechen. Auf diese Weise kann man sich die etwas umständlichere morphologische Untersuchung sparen.

9. Mäusekontrolle. Auf repräsentativen Flächen von 25×40 m Größe werden nach Kulicke 100 beköderte Schlagfallen aufgestellt, die auf ihr Funktionieren ständig zu überprüfen sind. Die Kontrollen erfolgen nach 1 bis 2 Tagen. Nach Regentagen sind die Fangaussichten am besten. Der Fallenabstand beträgt innerhalb der Längsseiten 2 m, die Längsreihen haben untereinander 6 m Abstand. Nicht angenommene Köder sind zu erneuern. Bei einem Auftreten von **11 Erd- oder Feldmäusen** innerhalb von 48 Stunden muß die gesamte Fläche begiftet werden. Bei 6—10 Stück genügt eventuell Streifenbegiftung.

VI. Erfolgskontrollen

Zur Erfolgskontrolle nach Durchführung von Bekämpfungsmaßnahmen können die angeführten Prognosemethoden ebenfalls angewendet werden. Hinzu kommt aber u. a. noch während und nach der Bekämpfung bei in den Kronen fressenden Insekten die **Totenfallkontrolle**. Zu diesem Zweck müssen vorher Kontrollflächen vorbereitet werden, und zwar durch Ausspannen von Tüchern auf Pfählen über dem Boden. Es können aber auch Tücher oder wasserfeste Papierbögen ausgelegt werden. Handelt es sich bereits um größere Stadien, die leichter zu erkennen sind, dann kann man einige Quadratmeter Bodenfläche dadurch vorbereiten, daß man die Bodenstreu abzieht und die Mineralbodenfläche festklopft. Es empfiehlt sich, besonders letztere Flächen täglich mindestens einmal abzusuchen, da die toten Raupen bzw. Larven schon nach 1—2 Tagen schwer zu finden sind. Die Totenfallkontrolle muß so lange fortgesetzt werden, bis der Totenfall aufhört. Danach oder schon während dieser Erfolgskontrolle muß auch der Kotfall kontrolliert werden. Da die Tiere manchmal nur vorübergehend den Fraß einstellen, ist längere Zeit nach Abschluß der Bekämpfungsmaßnahmen nochmals zu kontrollieren.

VII. Bekämpfungsmethoden

1. Mechanische Bekämpfung. Die meisten mechanischen Methoden haben zwar den Vorteil, daß sie sich nur gegen den Schädling richten, sind aber sehr zeitraubend, so daß sie heute auf größeren Flächen kaum noch Anwendung finden können.

a) **Fang von Schädlingen**. Vollinsekten, Larven und Eigelege können gesucht und abgetötet werden. Bei ersteren muß dies aber geschehen, bevor sie ihre Eier abgelegt haben. Beim **Großen Braunen Rüsselkäfer**, der **Maulwurfsgrille** u. a. hat man früher spezielle Fallen zum Fang verwendet. Zum Abtöten an den Stämmen sitzender Falter, z. B. der **Nonne**, mußten Stangen benutzt werden. Durch Weidenkulturen u. ä. fuhr man mit Karren, deren Oberfläche mit Raupenleim bestrichen war. **Blattkäfer, Erdflöhe** usw., die von den Pflanzen fielen oder sprangen, blieben auf dem Leim kleben. Die mechanischen Methoden mußten, trotz der erforderlichen großen Arbeitskräftezahl, noch vor wenigen Jahrzehnten gegen eine ganze Anzahl von Schädlingen angewandt werden, da es chemische Methoden dagegen noch nicht gab. Dies galt z. B. für die **Maikäfer**. Noch heute kann man u. a. gegen **Mäuse** Fanggräben anlegen. Diese Gräben sind spatenstichtief und -breit. Ihre Wände müssen stets glatt erhalten werden. Deshalb sind sie in Gegenden mit lockerem Boden nicht brauchbar. In gewissen Abständen werden in den Grabenboden Töpfe eingegraben, in denen sich die Mäuse fangen. Aus diesen Gräben müssen aber von Zeit zu Zeit Nützlinge, wie Spitzmäuse, Puppenräuber usw., die sich in ihnen gefangen haben, wieder befreit werden. Auch sogenannte „Mäuserennbahnen" haben sich bewährt. Hier werden anstelle der Gräben Bodenstreifen nur geglättet und Töpfe eingegraben.

b) **Ködern.** Den Fang von Schädlingen erleichtert die Anwendung von Ködern, da die Tiere hierdurch an bestimmten Stellen in größerer Anzahl konzentriert werden. Hierbei wendet man gegen Eulenraupen, Engerlinge und Drahtwürmer Fangpflanzen (Salat u. a.) an, die zwischen die Forstpflanzen gesetzt werden. Verbreiteter sind das Auslegen von Fangrinden gegen den Großen Braunen Rüsselkäfer und die wurzelbrütenden Borkenkäfer sowie das Werfen von Fangbäumen gegen rindenbrütende Borkenkäfer oder den Harzrüsselkäfer. Im ersten Falle werden ca. 20×30 cm große frische Rindenstücken mit Rasenplaggen bedeckt, mit einem Stein beschwert auf Kulturflächen ausgelegt und zur

Hauptverbreitungszeit der Käfer 1- bis 2mal täglich abgesucht oder zuvor vergiftet. Mit dem Werfen von Fangbäumen ist 3—4 Wochen vor Flugbeginn der zu bekämpfenden Käferart zu beginnen. Herrschende oder mitherrschende Bäume sind möglichst in den Bestand hinein zu fällen, laufend zu kontrollieren und auf Planen zu entrinden, bevor die Jungkäfer schlüpfen oder bevor (z. B. beim Kleinen Waldgärtner) die Larven zur Verpuppung in den Splint gehen. Rinden und Brut werden verbrannt. 2—3 Wochen vor dem Aufarbeiten einer Fangbaumserie ist eine neue zu werfen. Dies ist so oft zu wiederholen, bis keine brutbereiten Käfer mehr zu erwarten sind. Das richtet sich nach den Generationsverhältnissen der Käferarten. Dieses Verfahren eignet sich auch zu Prognosezwecken. Fangknüppel sind während des Winters auf Borkenkäferkahlschlagflächen, auf denen die Stöcke gerodet wurden, auszulegen. Ende des Winters bohren sich die in der Streu überwinternden Käfer in die Knüppel und können darin vernichtet werden.

c) **Abbrennen der Bodendecke.** Dieses Verfahren kann gegen Insekten, die sich zeitweilig im Boden aufhalten, wie Kiefernspanner, -eule, -buschhornblattwespe und Borkenkäfer, angewandt werden. Im stehenden Bestand macht es zuviel Arbeit, da zuvor u. a. um die Stammfüße herum (mit 40 cm Radius) die Streu zu entfernen ist. Bei der Bekämpfung von überwinternden Buchdruckern auf Borkenkäferkahlschlagflächen hat es sich aber gut bewährt. Dabei werden wegen der Waldbrandgefahr Flächen von je 1 ha Größe mit Wundstreifen umgeben.

d) **Streuharken** wurde früher gelegentlich gegen im Boden überwinternde Kiefernschadinsekten angewandt. Die Streu darf aber unter keinen Umständen an Bauern abgegeben werden, sondern ist auf 1,5 m hohe Wälle zu harken und im Frühjahr wieder auszubreiten. Die Vernichtungsprozente der Schädlinge sind aber sehr ungleich und teilweise nicht ausreichend. Sie schwankten bei

Kiefernspannerpuppen von 29 bis 72% (SCHWERDTFEGER — 1941).

e) **Leimringmethode.** Besonders beim Kiefernspinner wurden Ende Februar/Anfang März in Brusthöhe an den Stämmen 3—5 cm breite Leimringe angebracht, die die Raupen nach der Überwinterung am Wiederaufbaumen hindern sollten. Die Stämme waren vor dem Anlegen des Leimringes zu röten. Heute wendet man stattdessen den Giftspritzring an, weil dieser günstiger ist und außerdem geeigneter Leim nicht zur Verfügung steht.

2. Chemische Bekämpfung. Die Bekämpfung mit chemischen Mitteln wirkt zwar rasch und durchschlagend, gefährdet aber andererseits mindestens auch nützliche und indifferente Insekten oder sogar Warmblütler. Ebenso leiden Nutztiere, wie Bienen, Fische, Wild und Weidevieh, unter Umständen Schaden. Das ist allerdings je nach der Art des Wirkstoffes verschieden. Die chemische Bekämpfung sollte deshalb stets nur angewandt werden, wenn kein anderes Verfahren mehr hilft. Am ehesten kann man noch gerichtete chemische Bekämpfungsverfahren empfehlen, die nur den Schädling treffen, wie die **Giftspritzringmethode** und **Stammfußbepuderung.** Mit einer normalen Rückenspritze wird das DDT-Kontaktspritzmittel „Fekama" der Fewa-Werke, Karl-Marx-Stadt, entweder in Mannshöhe (bei Kiefernspinnerraupen) oder in 3—4 m Höhe (bei Nonnenraupen) um die Stämme gespritzt. Ein vorheriges Röten ist nicht mehr notwendig. Die aufbaumenden Raupen kriechen über den Ring und werden abgetötet, oder sie bleiben unterhalb des Ringes sitzen. Anstelle gewöhnlicher Düsen kann man das **Ringspritzgerät** von M. KOCH — Dresden verwenden. Mit ihm wird der Stamm in einem Arbeitsgang behandelt, da die an einem hufeisenförmigen Rohr sitzenden Düsen den Baum auch von der Rückseite aus spritzen können. Mit gewöhnlichen Düsen müssen die Bäume von zwei Seiten gespritzt werden. Dabei muß man genau darauf achten,

daß die Ringe tatsächlich geschlossen sind. Selbst gegen stärkeren Nonnenbefall wirkt diese Methode, wenn man die Ringe, wie bereits erwähnt, in 3—4 m Höhe legt, noch ausreichend, weil auf Grund unserer Untersuchungen die Eier im Durchschnitt an Kiefer zu 75%, bei Fichte sogar zu 90% am Stamm unter 4 m abgelegt werden. Die übrigen Raupen fängt man größtenteils später noch, nachdem sie sich einmal abgesponnen haben und wieder aufbaumen wollen.

Bei trockenem Wetter kann man sich als Ersatz für die vorige Methode mit der Stammfußbepuderung behelfen (nur beim Kiefernspinner). Der Stammfuß wird hier mit Hilfe von kleineren Säcken mit einem DDT-Mittel, z. B. Gesarol, bepudert, indem man sie rechts und links um den Stammfuß herumschlägt. Dadurch haftet der Giftstaub ringförmig an der Rinde und bepudert gleichzeitig die Bodenoberfläche. Nach stärkerem Regen ist das Verfahren zu wiederholen.

a) **Im Forst übliche chemische Mittel.** Im Forst werden hauptsächlich dieselben Mittel angewandt wie in der Landwirtschaft und im Gartenbau. Es sind vorwiegend Berührungsgifte mit DDT, Hexa (HCH) oder Phosphorester als Insecticide. Sie wirken schon, wenn sie mit der Körperoberfläche des Schädlings in Berührung kommen. Das ist ein großer Vorteil gegenüber den Fraßgiften, weil diese gewöhnlich erst gefressen werden, wenn der Hunger die Tiere dazu zwingt. Darüber vergingen im allgemeinen 2—3 Tage. Wenn es während dieser Frist regnete, mußte die Bekämpfungsaktion wiederholt werden. Unsere heute üblichen Berührungsgifte töten auch Tiere mit starker Behaarung oder dickem Chitinpanzer ab. Dabei wirken DDT-Mittel langsam, sind aber lange wirksam, wogegen Hexamittel wohl rascher abtöten, aber schneller ihre Wirkung verlieren. Das hat dazu geführt, daß beide Wirkstoffe in den heute üblichen Handelsmitteln meist kombiniert sind. Hexamittel bleiben aber einige Jahre wirksam, wenn sie im Boden gegen Schädlinge, wie **Engerlinge**, angewandt werden. Die Phosphorester sind für Warmblüter und somit ebenfalls für den Menschen giftig. Also nur in dringenden Fällen anwenden! Der Vorteil liegt aber darin, daß sie teilweise, z. B. bei saugenden Insekten, auch über die Pflanze auf den Schädling wirken. Man nennt solche Mittel systemisch.

Die Insecticide werden staubförmig oder flüssig angewandt. Während früher auf großen Flächen im Forst nur Staub in Frage kam, ist man in den letzten Jahren fast völlig zur Verwendung von Sprühmitteln und Nebeln übergegangen. Die Giftflüssigkeiten haben große Vorteile. Man braucht zur Begiftung eines Hektars Schadfläche im Höchstfall 10 l, während unter den gleichen Umständen 20—30 kg staubförmige Mittel notwendig wären. Die Sprühmittel haften sehr fest auf den Bäumen und ertragen auch intensivere Niederschläge. Sie sind beim Ausbringen gegen Wind und Thermik nicht so empfindlich. Man kann auch noch bei einer Windgeschwindigkeit von 5 m/sec arbeiten. Beim Staub ist dies nur bis zu 3 m/sec möglich. Gegen **Nonne**, wahrscheinlich auch gegen andere Schadinsekten, kann man schon 3—4 Wochen vor dem Schlüpfen der Räupchen **prophylaktisch sprühen** (Pally — unveröffentlicht). Neben den Ölsprühmitteln gibt es **Heiß-** und **Kaltnebel**. Heißnebel wurden in der DDR nicht entwickelt, weil kein Bedürfnis dafür bestand. Unser einziges, aber sehr gutes **Kaltnebelmittel** ist das **„Kombi-Aerosol“** des Elektrochemischen Kombinats Bitterfeld.

b) **Im Forst übliche Geräte.** Auf Kulturen lassen sich bei kleineren Flächen die gewöhnlichen tragbaren Rükkenstäubegeräte oder -spritzen verwenden, für Anlegen des Giftspritzringes außer den normalen Düsen auch das Kochsche **Ringspritzgerät**. Bei höheren, aber nicht zu hohen Beständen kommen **Motorverstäuber** in Frage, dagegen sind **Motorspritzen** nur in den seltensten Fällen brauchbar. Statt dessen wird das **Helmar-Nebelgerät** verwendet, weil sein Arbeitsbereich größer und die pro Hektar benötigte Giftmenge geringer ist. Die verhältnismäßig große Arbeitsbreite von ca. 150—200 m gewinnt besonders bei Bekämpfungsmaßnahmen in Dikkungen Bedeutung. Bei den Stäubegeräten mußten früher in Abständen von 20—30 m Gassen in solche Bestände geschlagen werden. Das ist jetzt nicht mehr notwendig. Zur Erreichung größerer Höhen muß allerdings bei diesem Gerät die Thermik ausgenutzt werden.

Abb. 27. Flugzeug (AN 2) beim Sprühen
Phot. K. Miesner, Eberswalde

Bei **Großflächenbekämpfung** wird das **Flugzeug** (Abb. 27) eingesetzt. Zur Zeit stehen uns der tschechoslowakische Eindecker L 60 und der sowjetische Doppeldecker AN 2, beide mit einem Fassungsvermögen von ungefähr 300 bis 400 kg, zur Verfügung. Ferner kann man mit beiden sowohl stäuben als auch sprühen. Diese kleinen Flugzeugtypen haben den Vorteil, daß sie keine betonierten Startbahnen benötigen, sondern auch von Wiesen und festen ebenen Feldern starten können. Dadurch kann die Anflugstrecke verkürzt werden. Diese Arbeitsflugplätze müssen aber stärkere Niederschläge aushalten, ohne dabei unbrauchbar zu werden. Außerdem dürfen sie nicht in Gebieten mit häufigem Früh- und Abendnebel liegen, da in erster Linie früh und abends gearbeitet wird, weil zu diesen Zeiten die Thermik am geringsten ist. Den ganzen Tag über kann nur bei bedecktem Himmel gesprüht bzw. gestäubt werden. Mit der **Deutschen Lufthansa, Abteilung Wirtschaftsflüge**, sind rechtzeitig Charterverträge abzuschließen, da die Anforderungen von seiten der Landwirtschaft in den letzten Jahren stark angewachsen sind. Ein solcher Vertrag enthält eine Klausel, nach der die Forstverwaltung von ihm zurücktreten kann, wenn sich nachträglich herausstellt, daß das Auftreten eines Schädlings, vielleicht bedingt durch Witterungseinflüsse, geringer ist, als nach den Prognoseunterlagen anzunehmen war. Aus diesem Grunde müssen die Unterlagen möglichst genau bearbeitet werden, damit ein solcher Fall nur selten eintritt, da sonst die Planung empfindlich gestört wird. So zeitig als irgend möglich müssen auch die **Giftmittelbestellungen** an die chemische Industrie ergehen, damit die Rohstoffimporte rechtzeitig eingeplant werden können. Ferner sind entweder auf dem Arbeitsflugplatz **Baracken** für die Giftmittelaufbewahrung und als Tagesaufenthalt für die Belademannschaften bzw. das Bodenpersonal zu errichten, oder falls Räumlichkeiten, vielleicht in einem benachbarten Dorf, dafür zur Verfügung stehen, muß für ausreichende **Transportfahrzeuge** gesorgt werden. Für Unterbringung der Piloten hat sich ein auf dem Arbeitsflugplatz aufgestellter **Wohnwagen** bestens bewährt. Für die Markierung der einzelnen Bekämpfungsquartiere sind haltbare **Ballons** zu besorgen. Da die **Bewachung** der Flugzeuge nicht mehr, wie bisher, der Volkspolizei obliegt, muß hierfür Wachpersonal, besonders für die Nacht, zur Verfügung stehen. Auch der Platz selbst ist abzusperren, um Unglücksfälle zu vermeiden, die leicht durch das allzugroße Interesse der Jugend aus den umliegenden Dörfern entstehen können. Zum Markieren der Bekämpfungsquartiere bzw. zum Halten der Ballons sind **ausreichend Hilfskräfte** zur Verfügung zu halten und die benachbarten Gemeinden auf eventuell zu erwartende Gefahren hinzuweisen. Unter Umständen ist eine entsprechende Polizeiverordnung zu erlassen, aber in einer Form, durch die keine unnötige Unruhe entsteht. Da der von der Forstverwaltung beauftragte **Leiter der Bekämpfungsaktion** sich unter allen Umständen im Schadgebiet aufhalten muß, ist für eine ausreichende **Nachrichtenverbindung** zwischen ihm und dem Arbeitsflugplatz oder dem Flugzeugführer und ihm zu sorgen. Am günstigsten ist hierfür natürlich eine **Sprechfunkanlage**. Bei der Behandlung größerer Flächen empfiehlt es sich, mehrere Flugzeuge gleichzeitig gestaffelt fliegen zu lassen, damit sich die Sprüh- bzw. Stäubewolken besser überdecken. Laut Flugvorschrift sollen die Maschinen aus Sicherheitsgründen 10 Meter über den Kronen fliegen. Wenn der Erfolg gesichert sein soll, dürfen sie aber möglichst nicht höher fliegen. Der Abstand zwischen den einzelnen Maschinen beträgt 20 m. Wird bei einem einmaligen Überflug die vorgesehene Giftmenge pro Hektar nicht erreicht, was häufig bei Bestäubungen der Fall ist, muß dieselbe Fläche mehrmals überflogen werden. Beim Besprühen reicht ein Flug gewöhnlich aus, da ja nur verhältnismäßig geringe Giftmengen benötigt werden.

Die **Arbeitsschutzvorschriften** sind genauestens einzuhalten. Es muß für ausreichende **Waschgelegenheiten**, besonders für die Beladearbeiter, gesorgt werden.

Vorteilhaft wären kleinere **Hubschraubermodelle**, wie sie mit bestem Erfolg z. B. in **Nordamerika**, in der **Schweiz** und in **Westdeutschland** verwendet werden. Diese Maschinen haben ein Fassungsvermögen von ca. 300 kg bzw. l. Unbedingt notwendig sind sie in schwierigem Gebirgsgelände. Nach Erfahrungen anderer Länder lohnt sich ihr Einsatz aber auch im Mittelgebirge, da Starrflügler dort weite Anflugstrecken erfordern, die man mit kleinen Hubschraubern einsparen kann.

Zum **Beladen** der Flugzeuge mit Flüssigkeiten dienen **Pumpen**, mit Staub ein gewöhnlicher **Düngerkran mit Beladesack.**

c) **Anwendungsweise.** Über den Einsatz der Gifte mit den üblichen Stäube-, Sprüh- und Nebelgeräten ist nichts Besonderes zu sagen. Es sei nur betont, daß man wesentlich weniger Sprüh- als Stäubemittel pro Flächeneinheit benötigt. Auf Flächen, für die man 20—30 kg Giftstaub braucht, genügen im allgemeinen 5—10 l Sprühmittel. Auch bei Nebelmitteln reichen 5—6 l/ha aus.

3. Biologische Bekämpfung. Der Einsatz von Organismen gegen Schädlinge verhindert die meisten Schäden, die als Nebenwirkung der chemischen Bekämpfung aufzutreten pflegen. Leider gibt es bisher auf diesem Gebiet, besonders im Forst, noch recht wenig Möglichkeiten. Am nachhaltigsten kann hier zweifellos der Waldbau wirken durch Schaffung von Waldungen mit einem sehr stabilen biologischen Gleichgewicht. Es sind dies ungleichaltrige Mischwälder, die zur Zeit angestrebt werden. Die Anwendung nur einer der folgenden Methoden wird in den wenigsten Fällen ausreichen. Man wird meist kombinieren müssen.

Die älteste biologische Maßnahme zur Niederhaltung von Forstschädlingen dürfte wohl der **Vogelschutz** sein. Er kann natürlich **nur prophylaktisch** eingesetzt werden. Wenn eine Massenvermehrung bereits im Gange ist, ist es zu spät. Im Rahmen des wirtschaftlichen Vogelschutzes werden den Vögeln **Nistgelegenheiten**, die man ihnen durch saubere Wirtschaft und die Umwandlung von Mischbeständen besonders in Nadelholz-Reinkulturen genommen hatte, zusätzlich wieder geboten. Ferner werden die Tiere, um ihnen das Überstehen des Winters zu erleichtern und sie im Walde zu halten, gefüttert. Es können sowohl **Nisthöhlen** als auch **Nistkästen** aufgehängt werden. Wichtig ist aber, daß sie im Inneren geräumig sind, da zahlreiche Singvogelarten, besonders die Meisen, sehr individuenreiche Bruten haben. Da sehr verschiedene Nistgeräte im Handel sind, ist es ratsam, nur solche zu verwenden, die von der für die Prüfung zuständigen **Vogelschutzwarte Seebach** (Leiter Dr. MANSFELD) empfohlen werden. Im allgemeinen genügen 2—4 Nistkästen auf 1 ha Waldfläche. Besteht die Möglichkeit, mehr Kästen aufzuhängen, und stellt man fest, daß sie angenommen werden, ist dies selbstverständlich zu begrüßen. Da die einzelnen Vogelarten einen verschieden großen Jagdbereich haben, muß man dies berücksichtigen. Meisenkästen müssen aus diesem Grunde mindestens 30—50 Schritt Abstand haben. Dichtere Nadelholzreinbestände sind im Inneren sehr schwer mit Vögeln zu besiedeln. Im Winterhalbjahr müssen die Nistkästen vom Nistmaterial des Vorjahres gereinigt werden. Nistkästen und -höhlen dürfen im Wald nicht mit Eisennägeln befestigt werden, da sonst bei der Verarbeitung der Stämme die Sägegatter leiden. Brauchbar sind in diesem Zusammenhang Hartholz- und Weichmetallnägel. Die Nistgelegenheiten sind beim Aufhängen auf der Fluglochseite etwas nach vorn zu neigen, damit kein Regenwasser in die Fluglöcher eindringen kann. Sie sind im allgemeinen nicht zu hoch aufzuhängen (2—5 m), damit man sie zum Reinigen leicht erreichen kann. Nur für bestimmte Vogelarten, z. B. Eulen, sind größere Höhlen notwendig. Am besten richtet man das Flugloch nach Süden oder Osten. Die Größe der Fluglöcher richtet sich nach den zu erwartenden Vogelarten. Gegen Fluglocherweiterung durch Eichhörnchen kann man um das Flugloch herum einen Drahtring oder Blech anbringen.

Im Walde spielt natürlich auch die Vermehrung der **Nistgelegenheiten für Freibrüter** eine Rolle. Früher, besonders durch von Berlepsch, wurde die Anlage von **Vogelschutzgehölzen** empfohlen. Solche Einrichtungen wird man heute aber höchstens von ornithologisch interessierten Jugendgruppen u. ä. anlegen und unterhalten lassen können, da die Kosten und der Arbeitsaufwand sonst sehr hoch sind. Der Forstmann kann aber trotzdem zahlreiche die Freibrüter fördernde Maßnahmen durchführen. Der wichtigste Faktor ist die Umwandlung von Nadelholzreinbeständen in **Mischwald**. Ferner hilft hier sehr die **Erhaltung des Waldmantels**, Schaffung von Quirlen durch Stutzen von Trieben, Zusammenbinden von Trieben, um dazwischen das Anbringen von Nestern zu ermöglichen. Holzstöße, in denen Vögel brüten, sollten erst nach der Brutzeit abgefahren werden. Gebüsche und kleine Gehölzgruppen sind, wenn irgend möglich, zu schützen. An Stämmen können Kiefernreiser angebunden werden (**Nesttasche**). In trockenen Gegenden ist für ausreichende **Trinkmöglichkeiten** für die Vögel zu sorgen. Dazu eignen sich flache, mit Wasser gefüllte Bodenvertiefungen (höchstens 20 cm tief) oder Zementtränken. Es lassen sich auch aus anderem Material (Latten und Dachpappe) Vogeltränken herstellen. In katzengefährdeten Gegenden kann man die Tränken auf Pfähle stellen. Im Winter bei Frost darf kein erwärmtes Wasser gereicht werden, da man dadurch die Tiere zum Baden verleitet und ihnen anschließend das Gefieder zusammenfriert. Die Vögel nehmen während dieser Zeit Schnee auf, um ihren Flüssigkeitsbedarf zu decken. Fehlt dieser, so kann man fein zerschlagenes Eis bieten.

Die **Fütterung** soll erstens dazu dienen, einer größeren Anzahl von Individuen selbst in strengen Winterszeiten das Überleben zu erleichtern und zweitens sie im Revier zu halten. Der Hauptgrundsatz der Vogelfütterung lautet: „Lieber gar nicht als falsch füttern!" Entscheidend dabei ist es, nur Futtergeräte zu verwenden, in denen selbst bei stürmischem nassen Wetter das **Futter trocken** bleibt. Gerade auf dem Gebiete der Vogelfuttergeräte wird vom Handel viel Unbrauchbares angeboten. Deshalb ist es ratsam, auch hier nur die staatlich empfohlenen Geräte zu verwenden. Als Großfutterstelle für die Forsten hat sich bisher das **Hessische Futterhaus** am besten bewährt. Es handelt sich dabei um ein viereckiges Dach mit Stützen an den vier Ecken und einer Mittelstütze mit dem Futterbrett. Dieses hat erhöhte Ränder, und ein Stück unterhalb davon befindet sich ein kleineres Futterbrett, das die futtersuchenden Vögel anlocken soll. Unter den etwas überstehenden Rändern des Daches befinden sich Glasscheiben, die bis in die Höhe des großen Futtertisches herabgehen und das dort gebotene Futter vor den Witterungseinflüssen schützen sollen. Auf 100 ha ist ein Hessisches Futterhaus ausreichend. Es gibt aber auch noch eine Reihe brauchbarer kleinerer Modelle, von denen dann allerdings für 100 ha eine größere Anzahl gebraucht werden. Mit der Fütterung muß man schon etwas vor dem Beginn der eigentlichen Notzeit (Ende Oktober) anfangen, damit die Vögel die Futterstelle bereits kennenlernen und sie dann rasch wiederfinden, wenn sie sie benötigen. Das Futter soll aus fetthaltigen Samen, wie Sonnenrosenkerne, Mohn, Gurkensamen, zerkleinerten Kürbiskernen, Leinsamen, Bucheckern, Nadelholzsamen, bestehen. Von zahlreichen Vogelarten werden auch mehlige Samen, wie Hirse, Hafer, Dreschabfälle usw., gern genommen. Ebenso eignen sich die verschiedensten Unkrautsamen und Beeren (Vogelbeere, Holunder, Weißdorn, Wilder Wein, Efeu). Auch Speisereste sind verwendbar, aber keinesfalls stark gewürzte, z. B. gesalzene Speckschwarte. Diese muß man vorher wässern. Die Samen können auch in Rinder- oder Hammeltalg eingeschmolzen werden.

Im Forst kann man auch durch den **Anbau beerentragender Gehölze** den Vögeln natürliche Nahrung bieten. Zu diesen Fruchtträgern, die hierfür in Frage kommen, gehören neben der Eberesche (*Sorbus aucuparia* L.), der Weißdorn (*Crataegus* L.), Schwarzer Holunder (*Sambucus nigra* L.), Bergholunder (*Sambucus racemosa* L.), Mehlbeere [*Sorbus aria* (L.) Crtz.], Faulbaum (*Rhamnus frangula* L.), Felsenbirne (*Amelanchier* Med.) Hartriegel (*Cornus* L.), Schlehe (*Prunus spinosa* L.), Traubenkirsche (*Prunus padus* L.), Zwergmispel (*Cotoneaster* Med.), Erle und Birke.

Gerade für den Forstmann ist der **Greifvogelschutz** von größter Bedeutung, und er hat in dieser Beziehung auch viele Möglichkeiten. Die erste Voraussetzung ist, daß jeder, der eine Waffe als Kollektiv- oder Einzeljäger in die Hand bekommt, unsere einheimischen jagdbaren Vögel genau kennt. Ornithologen können in dieser Hinsicht viel Nutzen stiften, wenn sie ihre Kollegen belehren. Es ist ein Jammer, wie viele **Mäusebussarde** ihr Leben lassen müssen, weil sie für **Habichte** gehalten werden. Oft ist ihr Abschuß in Unkenntnis prämiert worden. Außer der Verhinderung eines falschen Abschusses müssen aber auch Horstbäume beim Abtrieb verschont werden, und wenn es sich um ausgesprochen seltene Arten handelt (Adler), ist auch die nähere Umgebung im alten Zustand zu belassen. Der Nutzen von Tag- und Nachtgreifvögeln ist im Rahmen der Mäusebekämpfung sehr bedeutend.

Eine Reihe von ausgesprochenen **Singvogelfeinden** sind möglichst kurz zu halten. Hierher gehören die **Krähenvögel**, vor allem die **Nebel-** und die **Rabenkrähe**, ferner die **Elster** und der **Eichelhäher**, da sie sehr viel Eier und Bruten vernichten. Man kann zu Bekämpfungszwecken ihre Eier in den Nestern vernichten. Hierzu ist allerdings folgendes zu sagen. Oft brüten in den alten Nestern dieser Vogelarten Greifvögel. Es ist also darauf zu achten, daß man nur grünliche Eier vernichtet, da braune und weiße Eier vom **Turmfalken** und der **Waldohreule** stammen, die ja durch Mäusevertilgung besonders nützlich werden. Kinder dürfen zu diesen Arbeiten keinesfalls herangezogen werden. Auch der **Sperling** kann durch das Verdrängen nützlicher Vogelarten aus den Nistkästen schaden und ist zu bekämpfen. Sehr unangenehme Vogelfeinde sind unsere **Hauskatzen.** Auch beide **Marder-** und **Wieselarten**, der **Iltis** sowie das **Eichhörnchen** können, wenn sie überhand nehmen, dem Vogelschutz abträglich sein.

Die in diesem Zusammenhang interessierenden Gesetzlichen Bestimmungen sind das Jagdgesetz vom 25. 11. 1953 und das Naturschutzgesetz vom 4. 8. 1954.

Ferner sind die **Insektenfresser** zu schützen. So sind z. B. **Spitzmäuse,** die in Mäusefanggräben gerieten, wieder frei zu lassen. Außerdem wird versucht, durch Aushängen von Fledermauskästen die **Fledermäuse** wieder zu vermehren. Eine Zunahme der Fledermäuse wäre nämlich aus folgenden Gründen wünschenswert. Diese Tiere haben, ähnlich wie die **Spitzmäuse**, einen beträchtlichen Nahrungsbedarf. Sie fliegen und jagen bekanntlich in der Dämmerung und bei Nacht. Zu dieser Zeit fliegen auch die wichtigsten unserer forstlich schädlichen Schmetterlinge, die sie dann in erster Linie dezimieren können. Dagegen fressen sie bestimmt keine Nutzinsekten, wie **Schlupfwespen** und **Raupenfliegen**, die ausgesprochene **Tagflieger** sind. Insofern sind sie günstiger als insektenfressende Vögel, die ja zwischen Schädlingen und Nützlingen nicht unterscheiden. Leider ist die Zahl der Fledermäuse zu gering, als daß sie praktisch stärker ins Gewicht fallen könnten.

Vorbeugend soll auch eine Vermehrung der Nester der unter Naturschutz stehenden **Großen Roten Waldameise** wirken.

Geschont sollen ebenfalls alle **nützlichen Insekten** werden, seien es nun **Puppenräuber, Raupenfliegen, Schlupfwespen** oder andere. Leider werden gerade diese Tiere bei der chemischen Schädlingsbekämpfung in großer Zahl vernichtet. Man muß versuchen, den Bekämpfungstermin so zu legen, daß die Hauptparasiten eines Schädlings nicht getroffen werden.

Die **künstliche Vermehrung** und der Einsatz von Insektennützlingen zu Beginn einer Schädlingsmassenvermehrung scheiterte bisher meist an den Zuchtschwierigkeiten, soweit kein Ersatzfuttertier vorhanden ist. Unsere Forstschädlinge treten bekanntlich meist in den Zeiten zwischen den Massenvermehrungen ausgesprochen selten auf. Man hat also für Nützlingszuchten während dieser Zeit kein Futter. Eine biologische Bekämpfung mit Nutzinsekten lohnt aber nur dann, wenn die Parasiten gleich zu Beginn einer Massenvermehrung eingesetzt werden können. In der **Sowjetunion** ist es gelungen, mit **Eiwespchen Erdeulenraupen**, die in der Landwirtschaft Schaden anrichten, in großem Umfang zu bekämpfen. Hier dient als **Ersatzfuttertier** die **Kornmotte**. Die ersten Versuche im forstlichen Sektor wurden gegen den **Kiefernspinner** unternommen. Sie verliefen ebenfalls aussichtsreich, es fehlt aber auch hier das Ersatzfuttertier.

Erfolgversprechender scheint der Einsatz von **Bakterien**, vielleicht auch von **Viren**. Gegen viele Schmetterlingsraupenarten bewährte sich im Versuch *Bacillus thuringiensis* Berl. Es gelang aber noch nicht, die **Polyeder-** oder **Wipfelkrankheit** für die biologische Bekämpfung nutzbar zu machen. An dieser Krankheit brechen die meisten Nonnenmassenvermehrungen zusammen, wenn sie zuvor nicht auf chemischem Wege beendet wurden. Leider tritt dies meist erst ein, wenn bereits schwere Schäden verursacht wurden. Die erkrankten Raupen wandern in die Baumkronen (Wipfelkrankheit), sterben dort ab und verjauchen. Im Körper der erkrankten oder verendeten Raupen finden sich Polyeder (Vielflächner). Anscheinend müssen die Tiere erst für die Infektion disponiert sein, damit die Krankheit ausbrechen kann. Das gleiche konnte man beim Einsatz des **Löfflerschen Mäusetyphusbazillus** feststellen. Anfangs sah es aus, als ob damit gute Erfolge erzielt würden. Später stellte man fest, daß auch dieser Krankheitserreger erst wirkt, nachdem die Tiere dafür empfänglich geworden waren. Hinzu kam, daß auch Menschen in schlechtem Gesundheits- oder Ernährungszustand erkrankten. Deshalb wurde die Anwendung dieses Bazillus verboten. Auch die biologische Bekämpfung ist nicht immer gefahrlos. Es sei hier nur auf die **Kaninchenbekämpfung** durch **Myxomatose** hingewiesen. Aber auch Nutzinsekten sind gelegentlich schädlich geworden, z. B. dadurch, daß sie nach Aufzehrung des Schädlings, gegen den sie eingesetzt wurden, sich plötzlich auf eine Nützlingsart umgewöhnten.

VÖGEL

1. Schäden. Von den Vögeln können Samen gefressen werden, entweder dadurch, daß z. B. **Spechte,**

Kreuzschnäbel u. a. die Samen aus Zapfen oder aus anderen Waldfrüchten heraushacken oder sie auf Saatflächen aus dem Boden herausholen (z. B. Wildtauben, Finken und Eichelhäher). Letztere holen sie allerdings auch von den Bäumen. Die **Wildtaubenarten** schädigen die Saaten besonders zur Schwärmzeit, wenn sie sich oft in großer Zahl zusammenfinden, durch Abbeißen und Herausziehen von Sämlingen. Das Verbeißen von jungen Trieben und Knospen verschiedener Holzarten durch unsere **Waldhühnerarten** (Auer-, Birk- und Haselwild) spielt wegen ihrer geringen Zahl bei uns nur lokal eine Rolle, kann aber überall da unangenehm werden, wo die Tiere in größerer Zahl vorkommen. **Spechte** schaden besonders an ausländischen oder an jeweils seltenen Holzarten durch Behacken der Rinde, was zur Vernichtung der betreffenden Bäume führen kann. Sie hacken gelegentlich auch an glattrindigen Holzarten, z. B. der Linde, kleine Löcher in horizontalen Reihen in die Rinde. Der Grund hierfür ist noch unbekannt. Man vermutet, daß sie auf diese Weise Saft lecken wollen. An Kiefernstämmen entstehen durch jahrelanges Hacken an denselben Stellen Wülste (sog. Wanzenbäume). Die Spechte zerstören außerdem durch Behacken **Nistkästen** und schädigen auf diese Weise die Vogelschutzmaßnahmen. **Ameisenhaufen** werden von **Erdspechten** (Grün- und Grauspecht) sowie **Wendehals** bei der Nahrungssuche geschädigt. **Buch-, Grün-** und **Bergfink** (als Wintergast) fressen Samen und Knospen. Dabei beißen sie auch gelegentlich die Maitriebe von Fichten ab.

2. Abwehr. Gegen **Waldhühner** und **Tauben** sind Saaten zum Schutze zu bedecken (Reisig, Fäden, Glaswolle usw.) oder mit Abschreckmitteln zu behandeln. Dies wirkt auch gegen die **Häher**. Gegen **Spechte** sind **Ameisenhaufen** mit **Schutzhauben** zu versehen. Der Schaden an Rinde, Nistkästen usw. wird oft von Spezialisten verursacht, die abzuschießen sind.

SÄUGETIERE

1. Nager, Schaden und Bekämpfung. Höhere Bäume werden bei uns an Samen, Rinde und durch Abbeißen junger Triebe nur vom **Eichhörnchen** in größerem Umfang geschädigt. Besonders die „Abbisse“ oder „Absprünge“ rühren oft von Spezialisten her, die abzuschießen sind. Unter „Absprüngen“ oder „Abbissen“ versteht man von den **Eichhörnchen** abgebissene Fichtenmaitriebe, deren Knospen gewöhnlich ausgefressen werden. Sie bedecken oft in Massen den Boden um bestimmte Bäume herum, auf denen sich ein **Eichhörnchen** vorwiegend aufhält. Letztere treten auch als **Nesträuber** auf und erweitern dabei durch Nagen die Fluglöcher der Nistkästen (zum Schutz mit Blech umschlagen.) **Eichhörnchenfeinde**, wie **Edelmarder** und **Habicht**, sind zu schützen.

Sieben-, Gartenschläfer und **Haselmaus** sind bei uns zu selten, um nennenswerten Schaden anrichten zu können. Sie nagen in erster Linie die Rinde verschiedener Holzarten ab und bringen auf diese Weise Teile davon oder jüngere Bäume zum Absterben. Diese Tiere stehen unter Naturschutz, der aber bei größerem Schaden auf Antrag aufgehoben werden kann. Eine Bekämpfung der Schläfer hat sich schon mehrmals im **Süden Europas** notwendig gemacht. Man fängt die Tiere, da sie vorwiegend nächtlich leben, am besten in Fallen.

Die wichtigsten unserer **Mäusearten: Rötelmaus oder Waldwühlmaus** (*Clethrionomys glareolus* Schreb.). Schwanz kurz, ca. halbe Körperlänge. Ohren für eine Wühlmaus verhältnismäßig lang. Körper oben rotbraun, unten weiß. Schwanz ebenfalls zweifarbig. Länge mit Schwanz 15—20 cm. Lebt vorwiegend im Schatten von Gebüsch und Wald. Gutes Klettervermögen, Wintervorräte werden angelegt.

Erdmaus (*Microtus agrestis* L.). In Form und Farbe ähnlich der **Feldmaus**, aber Oberseite rötlich- bis dunkelbraun, Unterseite grauweiß, lockeres, langhaariges Fell. 9,5—12 cm Körper-, 3—4,7 cm Schwanzlänge. Auf von dichten Pflanzenwuchs bedecktem Boden, auf Kulturen, Lichtungen u. ä. lebend, auch auf Hochmoor vorkommend. Oberirdische Gänge von Gras überwölbt. Nest ebenfalls meist oberirdisch.

Feldmaus (*Microtus arvalis* Pall.). Braungraue bis gelblichgraue Oberseite und grauweiße Unterseite. Körperlänge 9—12 cm, Schwanz 3,5—4 cm. Ihrem Namen entsprechend hauptsächlich Bewohner freier Flächen und lichter Kiefernbestände. Nur im Winter futtersuchend in Waldrandgebieten.

Schermaus, Mollmaus, Wühlmaus (*Arvicola terrestris* L.). Langhaarig, von Rattengröße (Körper 13—19 cm, Schwanz 7,5—12,5 cm), aber mit kürzerem Schwanz. Oberseitenfärbung stark variierend, Unterseite hellgraugelb. Bevorzugt Wassernähe. Umfangreiche Erdbaue mit dicht unter der Erdoberfläche verlaufenden Gängen und flachen Erdhaufen.

Waldmaus (*Apodemus sylvaticus* L.). Oberseite rötlichgraubraun bis braungrau, unten grauweiß. Körper 8,5—10 cm lang, Schwanzlänge 7—10 cm. Ohren und Augen verhältnismäßig groß. Lebt im Wald und Gebüsch aber auch auf trockenen Wiesen, ja sogar Dünen. Östlich der Elbe im Feldmausbiotop. Gutes Spring- und Klettervermögen. Bauten tief im Boden mit Vorratskammern. Meist trockenes Laub als Nestmaterial.

Gelbhalsmaus (*Apodemus flavicollis* Melch.). Unterscheidet sich von der vorigen Art durch ein von Vorderbein zu Vorderbein reichendes gelbbraunes Brustband. Körperlänge 9—12 cm, Schwanzlänge 9—12,7 cm. Lebt in verschiedensten Waldbeständen, ja selbst auf feuchten Böden (Erlenbrüche). Sonst nur in dichtem Gebüsch. Klettert besser als die vorige Art. Kann weit springen und gut schwimmen. Meist unterirdisches Nest. Vorräte werden vorwiegend hochgelegen versteckt. Dringen oft in Nistkästen ein.

Brandmaus (*Apodemus agrarius* Pall.). Die rotbraune Oberseite durch einen schwarzen Aalstrich, der auch bei ganz jungen Tieren bereits vorhanden ist, charakterisiert. Deshalb mit keiner anderen Art zu verwechseln. Unterseite weiß. 9—11,5 cm langer Körper und 7—8,5 cm

Abb. 28. Nageschaden der Erdmaus (*Microtus agrestis* L.) an Hainbuche Phot. H. Schieferdecker, Eberswalde

Schwanzlänge. Lebt besonders an Waldrändern, in Röhricht, auf feuchten Wiesen, Äckern und in Hecken. Geringeres Klettervermögen, Erdgänge flach, Nest aber ca. 40 cm tief im Boden.

Die **Echten Mäuse** mit ca. körperlangen Schwänzen und großen Ohren (**Wald-, Brand- und Gelbhalsmaus**) schaden im wesentlichen durch Vertilgen von Sämereien und Benagen von Rinde sowie gelegentlich durch Vernichtung von Vogelbruten, nützen aber andererseits durch **Verzehren** von **Schadinsekten**, besonders deren

Puppen und Kokons im Boden. Ähnlich schadet übrigens auch die **Rötel-** oder **Waldwühlmaus** (kurzer Schwanz). Durch Benagen der unteren Stammteile richtet die **Erdmaus** oft schweren Schaden an (Abb. 28). Ähnlich sieht der Schaden der **Feldmaus** aus, er beschränkt sich aber im wesentlichen auf Waldränder. Selbst stärkere Bäume werden am Stammfuß gelegentlich restlos der Rinde beraubt und sterben ab. Bei hoher Schneelage kann ein solcher Schaden auch am Stamm weiter hinaufreichen. Besonders auf Kulturen und in Kämpen wühlt die **Mollmaus** unterirdische Gänge und benagt bis armstarke Wurzeln.

Die Bekämpfung unterstützen alle **Mäusefeinde**, besonders **Bussarde, Eulen, Fuchs, Wiesel** u. a. Gras- und Unkraut ist auf Kulturflächen kurz zu halten. Samen sind mit Mennige oder 1—2% Carbolsäure zu beizen. Mäuse sind in **Fanggräben**, die aber in gutem Zustand sein müssen, zu fangen. **Feld- und Erdmaus** können mit staubförmigen Mitteln oder mit Emulsionen von chlorierten Kohlenwasserstoffen (**Toxaphen**) bekämpft werden. Gegen andere Mäusearten ist **Giftgetreide** anwendbar, das aber in Dränageröhren oder ähnlich geschützt ausgelegt werden muß, um nicht andere Tiere, vor allem Vögel, zu vergiften. **Mollmäusen** sind mit **Phosphorpräparaten** (Delicia) vergiftete **Köder** in die Gänge einzubringen oder die Gänge mit **Phosphorwasserstoff** oder **Tetrachlorkohlenstoff** zu vergasen.

2. Waldweide oder Hutung. Der Eintrieb von Haustieren in den Wald beruht entweder auf alten Weidenutzungsrechten, oder er wird in Notzeiten von den Bauern gefordert. Besonders findet man die Waldweide noch in Gebirgsgegenden.

Eine in früheren Jahrhunderten sehr wichtige Nutzung, die Mastnutzung, bei der Schweine in den Wald eingetrieben wurden, um Eicheln und Bucheckern zu nutzen, hat heute keine Bedeutung mehr. Sie war die Waldweideform, die den wenigsten Schaden anrichtete. Es ist noch keine 200 Jahre her, daß die Weidenutzung auch in unseren Wäldern eine sehr große Rolle spielte. Mit Einführung der Stallfütterung ließ ihre Bedeutung mehr und mehr nach.

Die Tiere schaden durch Tritt, Verbiß und Schälen. Ersteres ist besonders auf dichten Böden oder in Hanglagen schädlich. Außer der physikalisch-negativen Beeinflussung wird der Boden aber auch chemisch nicht immer positiv vom Vieh beeinflußt. Der Dünger gleicht die Bodenschäden bei weitem nicht aus. Besonders schädlich ist der Tritt des Viehes aber an Hängen. Auch Gräben leiden darunter. Neben dem Verbiß von Pflanzenteilen werden junge Pflanzen ausgerupft und zertreten. Ältere werden durch Überreiten umgebogen und mitunter sogar abgebrochen sowie geschält. Ebenso werden Wurzeln freigelegt und beschädigt. Der Verbiß führt zu den verschiedensten Deformationen, die die Holzqualität vermindern. Wenn die Gipfeltriebe eine bestimmte Höhe erreicht haben (dem Maul des Viehes entwachsen sind), hört deren Verbiß auf. Das kann aber sehr lange dauern. Dadurch treten in der Jugend sehr große Zuwachsverluste ein. Nach Hess-Beck (1927—1930) hatte eine nicht verbissene Tanne 26,3 cm Durchmesser, eine verbissene auf dem gleichen Standort 2,6 cm. Die Höhe des Schadens richtet sich einesteils nach Holzart, Alter, Schlußgrad, Betriebsart, Jahreszeit und Witterung, andernteils nach Anzahl, Alter und Art der Tiere. Maßgebend ist auch die Regenerationskraft der geschädigten Holzart. Am schwersten ist der Schaden bei harten Laubhölzern. Besonders sind Ahorn, Buche, Esche und Hainbuche gefährdet, dagegen am wenigsten Birke, Erle und Robinie. Von den Nadelhölzern steht an erster Stelle die Tanne, aber auch Fichte, verschiedene Kiefernarten und Lärche werden gern genommen. Wenn man außer unserem wichtigsten Weidevieh, nämlich dem Rindvieh, auch andere Arten berücksichtigt, so finden sich unter Umständen etliche Abweichungen. So nehmen z. B. Pferde besonders gern Eiche auf, Schafe bevorzugen Birke und Kiefer. Die umfangreichste Speisekarte haben die Ziegen, die selbst Eibe fressen. Ebenso wie vom Wild werden auch von den Haustieren besonders die Holzarten bevorzugt, die in dem betreffenden Gebiet selten vorkommen. Es brauchen dies nicht immer ausländische Holzarten zu sein. Je jünger die Pflanzen sind, um so mehr sind sie gefährdet.

Der Mittel- und der Plenterwald leiden deshalb am meisten, weil die Jungpflanzen auf der gesamten Fläche verteilt sind. Auch Niederwald und Naturverjüngung im Hochwald werden stark befressen. Ebenso spielt die Form der Pflanzung eine Rolle. Stehen die Pflanzen in regelmäßigen Reihen mit größerem Abstand, so ist der Schaden geringer, da die Tiere in den Zwischenräumen entlang laufen, weil dies bequemer ist. Aus dem gleichen Grunde sind Hügelpflanzungen vorteilhafter. Auf fruchtbaren Böden mit viel Bodenbewuchs, wo die Verbißschäden rasch ausheilen, ist der Schaden gering.

Der Bestandsschluß beeinflußt ja bekanntlich entscheidend den Bodenbewuchs. In geschlossenen Beständen, in denen die Bodenoberfläche nur schwach belichtet wird, fehlt der Pflanzenwuchs am Boden, und das Vieh ist gezwungen, die Bäume zu beweiden. Bei Beständen mit geringem Schlußgrad liegen die Verhältnisse für die Beweidung günstiger.

Am schädlichsten von allen Haustierarten ist die Ziege, weil sie ziemlich alle Holzarten verbeißt und außerdem klettert. Sie hat schon riesige Waldkomplexe vernichtet, wodurch im Hochgebirge die Baumgrenze herabgedrückt worden ist. Desgleichen sind Pferde wegen ihres Trittes aus dem Forst herauszuhalten. Schafe haben einen sehr scharfen Huf, der zusammen mit dem kurzen Tritt großen Schaden anrichtet. Fehlt trockene Bodenweide, verbeißen und schälen in größerem Umfang auch Schafe, die sonst verhältnismäßig genügsam sind.

Rinder nehmen die Bodenweide besonders gern an und neigen deshalb weniger zum Verbiß. Sie überreiten aber gern jüngere Bäume und schaden, bedingt durch ihren schweren Körper, durch den Tritt. Auch dürfen Rinder nicht nach Schafen und mit Schafen ausgetrieben werden, da den Rindern der Schafgeruch offenbar unangenehm ist und sie dann das Bodenfutter nicht annehmen. Auch krankes Vieh gehört nicht in den Wald. Ebenso hat das Geschlecht der Weidetiere einen gewissen Einfluß. Kühe schaden weniger als Ochsen. Jungvieh schadet mehr als erwachsene Tiere, da dieses unruhiger umherläuft und teils aus Mutwillen, teils während des Zahnwechsels stärker verbeißt. Die Stärke der Schäden bei den einzelnen Tierarten richtet sich auch weitgehend nach den örtlichen Verhältnissen. Das absolut schädlichste Weidetier ist zweifellos das Pferd, besonders durch seine Größe, das relativ schädlichste ist dagegen, wie bereits erwähnt, die Ziege.

Von Regen und Tau benetzter Bodenbewuchs wird ebenfalls nicht gefressen. Das gleiche gilt bei sehr trokkenem Wetter. Tiere, die den ganzen Winter im Stall gestanden haben, schaden beim ersten Austrieb mehr, weil sie unruhiger und naschhafter sind. Der größte Schaden wird im Frühjahr beobachtet, wenn noch nicht ausreichender Bodenbewuchs vorhanden ist, und im Herbst, wenn er zu hart geworden ist. Am günstigsten verläuft die Waldweide Ende Mai bis Mitte Juli.

Die Schäden der Waldweide sind so groß, daß die Forstdienststellen alles tun müssen, um sie zu vermeiden. Die Waldweide muß also möglichst unterbleiben. Ist dies nicht möglich, so ist ein genauer Weideplan aufzustellen. Die Zahl des eingetriebenen Viehs ist in ein vernünftiges Verhältnis zum Futtervorrat zu bringen. Hundeshagen setzte den täglichen Futterbedarf einer 4 Ztr. schweren Kuh mit 7—8 kg Heu, für ein Stück Jungvieh mit 4—5 kg und für ein Schaf 0,7—0,8 kg Heu an. C. von Fischbach hält für ein ausgewachsenes Rind 2—10 ha Waldbodenfläche als Futterbasis für ausreichend. Bei 2 ha handelt es sich um üppigen Auewald, bei 10 ha um dürftigen Kiefernwald, allerdings bei Zufütterung am Abend. Ohne diese wird die 1,5- bis 2fache Fläche benötigt.

Ein gewissenhafter **Hirt** muß mit den speziellen Gefahren der Waldweide vertraut gemacht werden. Die Weide ist möglichst nur auf das Rindvieh und ggf. die Schafe zu beschränken. Ziegen und Pferde dürfen unter keinen Umständen zugelassen werden. Die Besitzer der Tiere haften gemeinsam für entstandenen Schaden. Der **Beweideturnus** der freigegebenen Flächen ist genau festzusetzen und richtet sich danach, wie schnell der Bodenbewuchs nachwächst. Es sind also für die einzelnen Flächen ausreichende Schonzeiten einzulegen, während derer die Flächen nicht beweidet werden dürfen. Bei Kulturflächen reichen die festzusetzenden **Schonzeiten** (Weidebann) von der Verjüngung bis zu dem Zeitraum, an dem die Forstpflanzen dem Maul des Viehes entwachsen sind. Einheitliche Zeiträume für die Schonung lassen sich nicht angeben, da sie von Holzart, Standort, Höhenlage u. a. abhängen. Es ist darauf zu achten, daß das Vieh zu den Weideflächen möglichst durch Altbestände angetrieben wird, damit nicht bereits auf dem Anmarschwege Schäden entstehen. **Schonungsflächen** sind durch Strohwische oder durch Tafeln zu markieren. Auch ist das Austreiben bei Tau oder Regen zu verbieten. In diesem Fall muß sich der Austrieb höchstens auf Altbestände beschränken. Nachts darf das Vieh nicht im Walde bleiben. Viehglocken erleichtern auch dem Hirten das Auffinden verlaufener Tiere. Das Weidevieh darf nicht gehetzt, sondern nur langsam getrieben werden. Für **Tränken** ist während der Mittagsruhe zu sorgen. Die Einhaltung der Vereinbarungen zwischen der Forstverwaltung und den Viehbesitzern ist genau zu kontrollieren und zu erzwingen, da die Erhaltung des Waldes als Volkseigentum und Rohstoffquelle unserer Wirtschaft ebenso wichtig ist wie die Erhöhung der Fleisch- und Milchproduktion. Das ist besonders deshalb von größter Bedeutung, weil in diesen Zusammenhang angerichtete Schäden nicht kurzfristig zu beheben sind.

3. Wildschaden und seine Verhütung. Alle bei uns vorkommenden **Schalenwildarten** und **Hasentiere**

bzw. **Hasenartigen** (Lagomorpha) können inner- und außerhalb des Waldes verschiedenen Schaden anrichten, besonders dann, wenn das Wild sehr zahlreich und die gesetzlich angeordnete Wilddichte überschritten ist. Bevor wir auf die Verhütungsmaßnahmen eingehen, sollen kurz die Schäden, die von den einzelnen Wildarten angerichtet werden können, behandelt werden.

a) Die **Hasenverwandten** (Lagomorpha) wurden früher als **Doppelzähner** (Duplicidentata) zu den **Nagern** (Rodentia) gerechnet, da hinter den eigentlichen Nagezähnen noch ein paar kleine Zähne stehen. Zu ihnen gehören in unserem Gebiet:

Wildkaninchen (*Oryctolagus cuniculus* L.). Dieses Tier lebt in Gebieten mit leichten Böden, in denen es Baue mit Röhren anlegt, wodurch bereits Schaden angerichtet wird. Ferner benagen die Kaninchen junge, bis 5 cm starke, aber auch alte Stämme der verschiedensten Holzarten und können sie ganz zum Absterben bringen. Allerdings werden Nadelhölzer nur in der Jugend geschält. Außerdem ist der Verbißschaden oft recht bedeutend, umso mehr als die Kaninchen gesellig auftreten. Sie sind Kulturfolger, die erst im Mittelalter in Mitteleuropa eingeführt wurden. Das Hauptverbreitungsgebiet liegt in Höhen unter 500m.

Feldhase (*Lepus europaeus* Pall.). Auch er schält und verbeißt. Besonders schwer leiden unter Umständen Saaten und Buchenverjüngungen. Der Hase ist zwar ein ausgesprochener Einzelgänger, aber ziemlich standortstreu, und kann deshalb da, wo er sich aufhält, sehr schaden. Seine Nagespuren sind wesentlich breiter als die des Kaninchens. Er ist ebenfalls ein Kulturfolger, der aber offenes Gelände bevorzugt. Während die Jungen der vorigen Art nackt und blind geboren werden, sind die Hasenjungen von Anfang an sehend, behaart und haben bereits Zähne.

b) **Huftiere, Schalenwild** (Ungulata).

Wildschwein, Schwarzwild (*Sus scrofa* L.). Schadet im Wald vorwiegend durch das Verzehren von Forstsamen (Eicheln und Bucheln) auf Saatflächen und das Befressen von Wurzeln und Rindenbeschädigungen an Malbäumen. Letzteres spielt eine geringere Rolle. Dafür ist es nützlich durch **Vernichten** von **Mäusen** und **Schadinsekten**. Mit Rücksicht auf benachbarte landwirtschaftliche Flächen muß es aber trotzdem kurz gehalten werden.

Abb. 29. Durch Wind gebrochener rotwildgeschälter Fichtenstamm Phot. Dr. H. Wiegand, Kleinmachnow

Edel-, Rothirsch, Rotwild (*Cervus elaphus* L.). Am schwersten schadet diese Wildart durch **Verbiß** an den verschiedensten Holzarten und durch **Schälen** (Abb. 29). Bei letzterem unterscheidet man die Winter- und die Sommerschälung. Während bei ersterer die Rinde abgeknappert wird, weil sie zu dieser Zeit fest auf dem Holz sitzt, wird sie bei der Sommerschälung in langen Streifen abgerissen. Jüngere, lichte Bestände, in denen sich das Wild bequem bewegen kann, sind am meisten gefährdet. Durch den Verbiß treten Mißbildungen auf, oder junge Bäume gehen sogar ein. Am schwersten werden Holzarten geschädigt, die in der Umgebung wenig vorkommen, so z. B. Laubholzhorste in Nadelholzreinbeständen. Die Schälung schadet besonders stark, da außer Zuwachsverlust Nutzholzverluste eintreten und die geschädigten Bestände vorzeitig abgetrieben werden müssen. Sekundär kommen **Pilz-** und **Insekteninfektionen** hinzu und dadurch erhöhte Bruchgefahr. So können auch ältere Bäume in größerer Zahl absterben. **Fegen** und **Schlagen** hat ähnliche Folgen. Der Umfang des Schadens ist aber beträchtlich geringer. Ferner werden Forstsämereien und Sämlinge mit den Vorderläufen aus dem Boden geschlagen oder junge Pflanzen auf Brunftplätzen zertreten. Auch **Ameisenhaufen** werden zerstört.

Damwild (*Dama dama* L.). Es treten die gleichen Schäden auf wie beim Rotwild, nur ist der **Schälschaden** wesentlich geringer, und auch der **Verbiß** ist erträglicher, dafür zertreten die Tiere mehr, da sie verhältnismäßig unruhig sind.

Rehwild (*Capreolus capreolus* L.). Das Rehwild schadet sehr durch **Verbiß**, dagegen schält es kaum. Seltene Holzarten in dem betreffenden Gebiet leiden besonders. Der Verbiß fällt vorwiegend in die Winterzeit. Selbst reine Kiefernkulturen können weitgehend vernichtet werden. Das gilt natürlich erst recht für Laubhölzer.

Mufflon (*Ovis musimon* L.). Über dieses bei uns eingeführte Wildschaf gehen die Meinungen in bezug auf seinen Schaden auseinander, da er offenbar lokal recht verschieden ist. Der **Verbiß** dürfte stellenweise beträchtlich sein.

3. Gegenmaßnahmen. In erster Linie muß man bestrebt sein, den Bestand aller hier genannten Wildarten auf das gesetzlich zulässige Maß herabzudrücken bzw. diese Höhe nicht überschreiten zu lassen. Diese liegt bei Revieren mit guten oder mittleren Äsungsverhältnissen

auf einer Fläche von 100 ha für Rotwild bei 1 Stück, Damwild 1,5 Stück und Rehwild 3—4 Stück, soweit je nur eine Wildart vorhanden ist, bei Revieren mit schlechteren Äsungsverhältnissen 0,5 Stück Rotwild, 2—3 Stück Rehwild und 1 Stück Damwild mit 1 Stück Rehwild. Bei reinen Fichtenrevieren, die in Mischwald umgewandelt werden sollen, ist der Wildbestand zeitweilig weiter zu senken. Je nach den örtlichen Verhältnissen können diese Richtzahlen erhöht oder gesenkt werden.

Der Schaden kann verringert werden einesteils durch eine Einwirkung auf das Wild und andernteils durch Schutz der Pflanzen. Zu dem ersteren gehören das **Fernhalten von Beunruhigungen** des Wildes, da eine solche den Schaden erhöht, ferner die Verbesserung der Äsungsverhältnisse durch Anlegen von Wiesen, **Wildäckern** und die Vermehrung fruchttragender Bäume und Sträucher, Aussaat von Süßlupine, **Wildfütterung** usw. Der direkte Schutz der Pflanzen kann **Einzel-** und **Flächenschutz** sein. Dafür kommen **mechanische** und **chemische** Methoden in Frage.

a) **Einzelschutz.** Soll eine Einzelpflanze oder einen Teil derselben schützen.

Mechanisch. Gegen **Verbiß** werden durch Draht-, Blech- und Kunststoffspiralen bzw. -streifen, Glaswolle, Pappe, Papier, Werg, Faserstoffe usw. in erster Linie Gipfeltriebe geschützt. Ferner erhält die Rinde der Stämme einen Schutz gegen **Schälschaden** durch Einband mit Reisig (Trockeneinband) oder Herunterbinden von Ästen (Grüneinband) sowie durch Drahtgeflecht. Auch gegen **Fegen** wendet man die bereits beim Verbißschutz angegebenen Mittel an. Saaten werden abgedeckt.

Mechanisch-biologisch und **biologisch. Schälschäden** werden verhindert durch Behandlung der Rinde mit Rindenkratzern, -hobeln, Punktierrädern und ähnlichen Geräten, wodurch Harzfluß und eine raschere Borkebildung erreicht werden. In Kulturen Verbißschutz durch Mitanbau forstlich weniger wichtiger **Beihölzer** und gestutzter **Deckhölzer** (z. B. Fichte).

Chemisch. Es gibt eine Reihe von chemischen **Verbißmitteln** (Öle, Fette, Teere, Gemische verschiedener Art), die man mit Spezialbürsten auf gefährdete Triebe aufbringt oder spritzt. Ferner kann die Rinde von Bäumen, die durch Schälung gefährdet sind, durch Aufbringen von chemischen Stoffen (z. B. Teer) geschützt werden. **Samen** behandelt man mit Mennige oder Corbin.

b) **Flächenschutz.** Dient zum Schutz kleinerer oder größerer Flächen meist jüngerer Forstgehölze, die durch Wild gefährdet sind, so z. B. Laubholzverjüngungsflächen innerhalb von Nadelholzreinbeständen.

Mechanisch. Der sicherste Schutz ist ein **Zaun**, der je nach dem vorhandenen Material und nach der Wildart, vor der er schützen soll, verschieden sein kann bzw. muß. So muß er gegen Kaninchen sehr dicht und sein Unterrand im Boden tief eingegraben sein. Der obere Rand ist nach außen umgebogen, damit die Kaninchen ihn nicht überklettern können. Der **Elektrozaun** ist in bezug auf seine Brauchbarkeit im Rahmen der Wildabwehr umstritten.

Chemisch. Flächen können auch durch **Verwitterungsmittel** geschützt werden. Man muß sich allerdings darüber im klaren sein, daß ein solches Mittel öfter gewechselt werden muß, da sich das Wild sonst daran gewöhnt.

Optisch-akustisch. Ferner kann das Wild von einer Fläche durch **Lappen, Spiegel** und ähnliches sowie **Schreckschüsse** usw. ferngehalten werden. Aber auch hier muß gewechselt werden, um eine Gewöhnung zu vermeiden.

C. Forstschutz gegen Pflanzen

I. Forstunkräuter, ihre Schäden und Bekämpfung

1. Forstunkrautarten. Die Zahl der Forstunkräuter ist, besonders wenn man die gesamten im Kamp vorkommenden Unkräuter dazurechnet, sehr groß. Dar-

unter sind auch sehr kleine Arten, die aber durch ihre Menge schädlich wirken. Deshalb werden hier nur die wichtigsten aufgeführt. Auch muß ihre Beschreibung in diesem Buch unterbleiben. Es sei in diesem Zusammenhang auf die einschlägige Literatur verwiesen (BURSCHEL und RÖHRIG—1960).

Adlerfarn [*Pteridium aquilinum* (L.) Kuhn]. Durch seine Höhe (z. T. über mannshoch), die über 60 cm langen Rhizome und ca. 1 m tief gehenden Wurzeln sehr übles, weitverbreitetes Unkraut.

Wurmfarn [*Aspidium filix-mas* (L.) Sw.]. Bis 1,5 m hoch, bedeckt großflächig den Boden schattiger Nadel- und Laubwälder und verhindert die Naturverjüngung.

Rotes und **Weißes Straußgras** (*Agrostis vulgaris* With. und *A. alba* L.). Bilden auf frischen humosen Böden bei ausreichendem Licht große schädliche Rasen.

Sandrohr oder **Landreitgras** [*Calamagrostis epigeios* (L.) Roth.] (nicht „Segge"). Schwerster Schaden (Verhinderung der Verjüngung) in der Ebene und in lichten Buchenbeständen, ferner im Gebirge.

Rasenschmiele [*Deschampsia caespitosa* (L.) Pal.]. Auf feuchten humosen Böden in älteren Beständen und auf Schlägen der verschiedensten Höhenlagen schädlich·

Drahtschmiele [*Deschampsia flexuosa* (L.) Trin.]. Schadet besonders durch Rasenbildung auf Freiflächen und unter weniger guten Ernährungsverhältnissen.

Pfeifengras (*Molinia coerulea* Moench). 1,80 m hohes, tiefwurzelndes Gras. Deshalb auf Freiflächen und in lichten Altbeständen der Ebene für Naturverjüngung und Kulturen sehr schädlich.

Seegras (*Carex brizoides* L.). Verbreitet sich durch Ausläufer rasch und wird besonders in Süddeutschland auf Freiflächen und lichten Beständen sehr schädlich.

Brom- und **Himbeere** (*Rubus fruticosus* L. und *R. idaeus* L.). Durch Wurzelschosse und Ranken sich schnell über Freiflächen und in lichten Beständen ausbreitend.

Heidelbeere oder **Beerkraut** (*Vaccinium myrtillus* L.). In Beständen auf großen Flächen verbreitet. Verschwindet meist bald nach Freistellung.

Heidekraut [*Calluna vulgaris* (L.) Hull]. Auf basenarmen Sandböden und Hochmooren große Flächen bildend.

Abb. 30.
Spiralige Mißbildung an einem Birkenstamm durch das Deutsche Geißblatt (*Lonicera periclymenum* L.)
Phot. F. Kost, Eberswalde

Die folgenden Rankenpflanzen schaden vor allem dadurch, daß sie die Stämme jüngerer, aber auch älterer Bäume umranken und sie unter Umständen zum Absterben bringen können.

Deutsches Geißblatt (*Lonicera periclymenum* L.). Umrankt besonders an Waldrändern Bäume bis in mehrere Meter Höhe (Abb. 30).

Abb. 31. Von Efeu (*Hedera helix* L.) umrankte Stämme
Phot. F. Kost, Eberswalde

Acker- und **Zaunwinde** (*Convolvulus arvensis* L. und *C. sepium* L.). Erstere Art schadet vorwiegend in Baumschulen, die zweite in Gebüschen und Hecken.

Efeu (*Hedera helix* L.). Umrankt Stämme bis in 15 m Höhe (Abb. 31).

Gemeine Waldrebe (*Clematis vitalba* L.). In **Süddeutschland** durch Erklimmen von Bäumen bis 7 m Höhe und Behindern des Fällungsbetriebes sehr schädlich.

Bei **Jalta** auf der **Krim** vom Verfasser in großem Umfang beobachtet.

Wilder Hopfen (*Humulus lupulus* L.). Zieht junge Bäume herab und rankt bis in 4 m Höhe. Besonders wichtig in feuchten Niederungen. Auch eine Anzahl **Sträucher** und **Unhölzer** spielen als Forstunkräuter eine Rolle. Dabei hat sich die Meinung über ihre Schädlichkeit wiederholt geändert. Auch unter den jeweiligen Umständen ist die Einstellung zu ihnen verschieden.

Zu den Sträuchern gehören **Schwarzer** und **Bergholunder** (*Sambucus nigra* L. und *S. racemosa* L.), **Besenstrauch** [*Sarothamnus scoparius* (L.) Wimm.], **Faulbaum** (*Rhamnus frangula* L.), **Kreuzdorn** (*Rhamnus cathartica* L.) u. a.

Zu den **Unhölzern** rechnete man früher je nach den Umständen verschiedene Holzarten, so z. B. **Aspe**, **Birke** usw.

Auch eine Anzahl **Moose** und **Flechtenarten** gehören zu den Forstunkräutern.

Schließlich seien noch erwähnt:

Mistel (*Viscum album* L.). Es ist dies eine zweikeimblättrige Pflanze, die parasitisch auf verschiedenen Waldbäumen lebt. Sie ist immergrün und wird auch zu Schmuckzwecken verwendet. Ihre weißen Beeren werden von Vögeln gefressen. Der Samen haftet nach Passieren des Vogeldarmes an Zweigen, wo er im Frühjahr auskeimt. Die Mistel senkt ihre Saug- und Seitenwurzeln in das Holz bzw. in die Rinde hinein und entnimmt hier Wasser und Nährstoffe. Wenn sie auch mit Hilfe ihres grünen Farbstoffes assimiliert, so richtet sie doch Schaden an. Vom biologischen Standpunkt aus bestehen zwischen den Laubholz-, Tannen- und Kiefernmisteln Unterschiede.

Hopfenseide (*Cuscuta europaea* L.). Parasitische Rankenpflanze ohne Chlorophyll schadet zusammen mit zwei anderen eingeschleppten *Cuscuta*-Arten an **Ahorn, Pappeln** und **Weiden**.

2. Schäden durch Forstunkräuter. Der Umfang des Schadens wird beeinflußt von der flächenmäßigen Ausbreitung und deren Schnelligkeit sowie von der Höhe der betreffenden Unkräuter. Ihre Ausbreitung erfolgt durch Wurzelausläufer, Rhizome und Samen. Letztere können, wenn sie Flugeinrichtungen haben, rasch sehr weit verbreitet werden. Gute Böden verunkrauten rascher als magere. Besonders, wenn sie lange brachliegen, wird der Unkrautbewuchs undurchdringlich. Dabei ist auch die Witterung der betreffenden Jahre wichtig. Ferner zeigt sich, daß Unkrautsamen sehr lange keimfähig im Boden liegen kann und daß unter günstigen Verhältnissen, wie bei Freistellung, Anlegen eines Kahlschlages usw., plötzlich Unkraut erscheint, das unter Umständen in der Nähe gar nicht vorhanden ist. Das Auftreten von Forstunkräutern hängt weitgehend von der Belichtung ab.

Den Forstpflanzen wird durch die Unkräuter Nahrung, Wasser und Licht entzogen, sie werden verdämmt. Am schwersten leiden darunter junge Forstpflanzen, besonders, wenn sie langsam wachsen und sehr lichtbedürftig sind. Sehr widerstandsfähig sind Aspe, Birke, Pappel, Robinie, Weiden, *Pirus*- und *Sorbus*-Arten. Besonders gefördert wird das Unkraut in nassen, kalten Jahren, in denen gerade das Wachstum der jungen Forstpflanzen zurückbleibt. Ferner wird durch einen dichten Wurzelfilz der Unkräuter das Eindringen von Wasser in den Boden behindert. Höheres Unkraut kann die Nutzpflanzen durch Überlagern erdrücken. Das geschieht besonders dann, wenn noch Schneeauflage hinzukommt. Verunkrautete Flächen werden gern von **Mäusen** besiedelt, und die Verbreitung mancher **Pilzkrankheiten** wird durch starken Unkrautwuchs gefördert. Einige Unkrautarten sind **Zwischenwirte** parasitischer Pilze. Außerdem wird die Naturverjüngung verhindert. Das abgestorbene und vertrocknete Unkraut ist im zeitigen

Frühjahr Anlaß zu **Waldbränden. Versumpfung** wird unter gewissen Umständen gefördert. Durch Verdunstungskälte wird ferner auf stark verunkrauteten Flächen die Temperatur gesenkt, was zu erhöhter **Frostgefahr** führt. **Rankenpflanzen** schneiden in die allmählich an Stärke zunehmenden Stämme ein, behindern den Saftstrom und bringen sie zum Absterben. Die **Mistel** als Halbparasit entzieht dem Wirtsbaum Wasser und Nahrungsstoffe und bringt die befallenen Baumteile zum Anschwellen. Kiefern verkienen. Äste und Bäume können absterben.

3. Bekämpfung von Forstunkräutern. Dem Aufkommen von Unkräutern kann durch waldbauliche Maßnahmen vorgebeugt werden. Man muß dem Waldboden eine möglichst geringe Belichtung zukommen lassen durch **Geschlossenhalten** der Bestände und unter Umständen durch Unterbau von Schattenholzarten. Schläge sind möglichst rasch wieder zu bepflanzen, was zwar die Verunkrautung etwas herabsetzen, aber nie ganz vermeiden kann. Die **Umgebung von Kämpen** ist ebenfalls unkrautfrei zu halten und sie selbst sind mit **Schutzhecken** aus Hainbuche, Linde oder Weißdorn zu umgeben. Auch die **Wege** in den Kämpen sind stets von Unkraut frei zu halten, was man am leichtesten mit chemischen Mitteln (**Anforstan** u. a.) erreicht.

Auf **mechanischem** Wege kann z. B. auf Kahlflächen das Unkraut durch Bodenbearbeitung, so z. B. **Vollumbruch**, niedergehalten werden, um den Forstpflanzen einen gewissen Vorsprung zu verschaffen. Auf durch Unkraut gefährdeten Flächen sollen die Forstpflanzen möglichst auf **Pflugdämme** oder überhöhte **Pflugstreifen** gepflanzt werden. Ferner ist das aufkommende Unkraut in der Umgebung von jungen Forstpflanzen zu mähen. Rechtzeitiges häufiges Hacken verhindert außerdem das Aufkommen von Unkraut. In Kämpen ist eine intensivere Unkrautbekämpfung notwendig. Es muß auf den Saatbeeten gejätet werden, soweit man sich nicht mit chemischen Mitteln helfen kann.

Auch die **chemische Unkrautbekämpfung**, die in der Landwirtschaft schon einige Jahre eine große Rolle spielt, erlangt in der Forstwirtschaft immer größere Bedeutung. Unkrautbekämpfungsmittel bezeichnet man als **Herbizide**. Als Totalvernichtungsmittel spielt das „**Anforstan**", ein Chloratmittel, schon einige Jahrzehnte eine große Rolle. Es eignet sich in erster Linie dazu, Kahlflächen vor der Wiederaufforstung unkrautfrei zu machen. Chlorate werden von den Pflanzen durch die Wurzeln aufgenommen. Sie können gespritzt und gestreut werden. Unter den notwendigen Vorsichtsmaßnahnahmen lassen sich aber mit Hilfe dieses Mittels auch Unkräuter in älteren Stangen- und Althölzern abtöten. Es empfiehlt sich, vor Ausbringung des Mittels die Unkräuter zu mähen, besonders wenn sie eine größere Höhe erreichen. Die Flächen sind außerdem zuvor mit Wundstreifen zu umgeben, um die Ausbreitung von **Waldbränden** zu verhindern. **Tiere** dürfen keine größere Menge davon aufnehmen, da es giftig wirkt. Deshalb soll man **Minderjährige** von diesem Mittel fernhalten; auch in der Nähe brennbarer Stoffe, wie auf Holzlagerplätzen, darf das Mittel nicht ausgebracht werden. Das Ausbringen kann von Hand mit Hilfe einer **Düngermulde** oder mit **Rückenverstäubern** geschehen. Es wird von zwei Mann über Kreuz gestreut, um das Mittel möglichst gleichmäßig zu verteilen. 200—400 kg/ha werden benötigt. Die Behandlung soll im Herbst erfolgen. Wenn notwendig, kann man im April die Flächen nochmals nachbehandeln. Dies macht sich in erster Linie häufig bei Unkräutern mit Rhizomen oder tiefer Bewurzelung notwendig. Bei heißem trockenem Wetter ist die Maßnahme auszusetzen. Behandelte Kahlflächen müssen je nach den Bodenverhältnissen 7—12 Monate brachliegen, bevor sie wieder bepflanzt werden dürfen, da sonst die Jungpflanzen geschädigt werden. Je nach den Bodenverhältnissen wird das Mittel mehr oder weniger rasch ausgewaschen bzw. chemisch umgesetzt. **Bodenbakterien** sollen angeblich nicht geschädigt werden. Das ist zwar nicht sehr wahrscheinlich, es ist aber jedenfalls anzunehmen, daß ihr Bestand sich nach kurzer Zeit nicht nur wieder erholt, sondern in dem abgetöteten, verrottenden Pflanzenmaterial sich stark vermehrt und dessen Zersetzung beschleunigt. Die **Bodenreaktion** bleibt die gleiche. Humus- und Nitratgehalt erhöhen sich.

Die Anwendung von **selektiven Herbiziden**, wie sie in der Landwirtschaft üblich ist, stößt in der Forstwirtschaft auf größere Schwierigkeiten. Das liegt daran, daß selektive Mittel vorwiegend zweikeimblättrige Pflanzen (Dicotyledonen) abtöten, während die einkeimblättrigen (Monocotyledonen), z. B. Gräser und Getreide, unbeschädigt bleiben. Die gefährlichsten Forstunkräuter sind aber meist Einkeimblättrige. Diese Mittel sind vorwiegend Wuchsstoffmittel, durch deren Einfluß die Unkräuter sich „zu Tode wachsen". Verdrehungen und Verdickungen verschiedener Pflanzenorgane, wie Wurzeln, Triebe und Blätter, sowie ein Ausbleiben von Knospen und Blüten sind eine Folge der Wuchsstoffwirkung. Verschiedene Verbindungen der Chlorphenoxyessigsäure u. a. spielen hier eine Rolle. Dafür sind je nach den Mitteln verschiedene Abkürzungen üblich, z. B. 2,4-D, 2,4,5-T, MCPA. Die Anwendung der genannten Verbindungen verbilligt die Unkrautbekämpfungsmaßnahmen ganz wesentlich. Im Gegensatz zu den Chloraten werden Wuchsstoffmittel hauptsächlich durch die Blätter und anderen oberirdischen Organe aufgenommen. Sie haben den weiteren Vorteil, daß sie meist sehr rasch (innerhalb von spätestens 4 Wochen) abgebaut werden. Nach der Anwendung ist also die Wartezeit wesentlich kürzer. Ein großer Nachteil liegt aber darin, daß nach Vernichtung der zweikeimblättrigen Pflanzen (Dicotyledonen) meist anschließend Gräser (einkeimblättrige Pflanzen = Monocotyledonen), die ja von den Wuchsstoffen, wie bereits erwähnt, nicht angegriffen werden, sich auf den Bekämpfungsflächen ausbreiten. 2,4-D vernichtet auch verschiedene **Moosarten.** Man hat versucht, die Wirkung dieser Mittel durch den Zusatz von **Netzmitteln** zu beschleunigen, da sich gezeigt hat, daß auf netzmittelfreie Wuchsstoffe Regen noch nach einem Tag nachteilig wirkt. Solche Zusätze haben jedoch nicht immer Erfolg gehabt. Es werden übrigens auch **Wasserreiser**, **Stockausschläge** und **Unhölzer** durch Wuchsstoffe vernichtet. Die **Sowjetunion** setzte im letzteren Fall sogar **Flugzeuge** ein.

Gewisse Unkrautarten (z.B. **Heidekraut**) werden auch von gewöhnlichen **Düngemitteln**, wie **Kainit** oder **Kalkstickstoff**, abgetötet. Diese Stoffe bieten den Vorteil, daß sie außerdem eine Düngewirkung auf die Forstpflanzen ausüben. In Kämpen werden seit einiger Zeit auch **Mineralöle** als Unkrautvernichtungsmittel verwendet (vor dem Keimen oder nach Entfaltung der Keimblätter bis 700 l/ha Flüssigkeit). Manche Holzarten sind aber sehr empfindlich gegen solche Mineralöle, wie Ahorn, Birke, Eiche, Erle, Esche und Linde. Außerdem haben sich stellenweise **mineralölresistente Unkräuter** herausgebildet. Die zu behandelnden Kulturpflanzen müssen zuvor flüssigkeitsgesättigt sein. Es gibt aber auch andere Mittel zur Vernichtung von Unkrautkeimlingen in Kämpen. Des weiteren sei auf die Spezialliteratur verwiesen.

II. Flechten

Feuchtigkeitsliebende Pflanzen, die aus Pilzen und Algen zusammengesetzt sind.

In feuchten Lagen, besonders höherer Gebirge, bedecken **Flechten** oft in beträchtlicher Menge die Bäume, sowohl Laub- als auch Nadelholz. Durch diesen Bewuchs, für den etliche Flechtenarten in Frage kommen, wird **Rindenfäulnis** gefördert und die **Atmung** der Zweig- bzw. Stammrinde **behindert**, doch ist der Schaden nicht besonders groß.

III. Pilze

Am wichtigsten sind für die Forstgehölze die **Pilzkrankheiten** (**Mykosen**), von denen aber nur die bedeutungsvollsten hier genannt werden können.

Die Pilze bestehen meist aus nichtgrünen Fäden, die man Hyphen nennt. Diese können so eng verflochten sein, daß man den Eindruck gewinnt, es handele sich um Gewebe höherer Pflanzen. Ebenso bilden einige Arten (z. B. **Hallimasch**) wurzelähnliche Gebilde (**Rhizomorphen**). Die Pilze leben je nach Arten von toter organischer Substanz (**saprophytisch**) oder als **Parasiten**. Im letzteren Fall ist ein Anzapfen der Zellen von ecto- oder endoparasitisch lebenden Pilzen möglich. Auch **Enzyme** wirken bei der Zerstörung der Pflanzenzellen mit. Durch **Sporen** können sich die Pilze fortpflanzen und ausbreiten. Es gibt in bezug auf die Form und Entstehung zahlreiche Sporenarten, die auf geschlechtlichem oder ungeschlechtlichem Wege entstehen können und dementsprechend sehr verschiedene Bezeichnungen führen, auf die hier nicht näher eingegangen werden soll. Das gilt auch für die Gebilde, an bzw. in denen Sporen entstehen. Da auch gegen Frost, Hitze, Trokkenheit usw. weitgehend widerstandsfähige Dauersporen gebildet werden, ist die Bekämpfung von Pilzkrankheiten oft nicht leicht. Besonders muß der Praktiker darauf hingewiesen werden, daß selbst dieselbe Pilzart in verschiedenen Erscheinungsformen auftreten kann, was weitgehend von äußeren Einflüssen abhängt. Diese Tatsache erschwert häufig eine Bestimmung des Parasiten. Die in den letzten 150 Jahren angelegten Nadel- bzw. Laubholzreinkulturen fördern natürlich auch die Verbreitung von Pilzen.

1. Nadel- und Blattkrankheiten. Der Befall der Nadeln und Blätter durch Pilze wirkt sich meist sehr rasch nachteilig auf den Gesundheitszustand der Bäume aus, weil durch ihn die assimilierende Oberfläche verringert wird. Die Assimilationsorgane vergilben meist

stark, oft allerdings nicht gleichmäßig, sondern es zeigen sich auf hellbraunem Untergrund dunklere Flecken, und Nadeln und Blätter fallen vorzeitig ab. Da das Regenerationsvermögen der Nadelhölzer geringer ist als das der Laubhölzer, ist in ersterem Fall der Schaden größer, er kann leichter zum Tode der befallenen Pflanzen führen. Ein Absterben der Assimilationsorgane braucht nicht immer auf direkten Befall durch Pilze zurückzugehen, sondern kann auch dadurch verursacht sein, daß die Wasserzufuhr durch Verstopfen der Leitbahnen in den Ästen oder im Stamm gestört wird.

Die Krankheiten, die zum Abfall von Nadeln führen, nennt man „**Schütten**".

a) **Kiefernritzenschorf.** Hervorgerufen von *Lophodermium pinastri* (Schrad.) Chev. Vorwiegend im Frühjahr treten an den Nadeln der meisten Kiefernarten besonders in der Jugend rotbraune Stellen auf, die nach und nach zur völligen Rötung der Nadeln führen. Die geröteten Kurztriebe werden im April/Mai abgeworfen. Geschieht dies mehrere Jahre hintereinander, so sterben die Pflanzen. Bei einmaligem Befall dagegen begrünen sie sich wieder. Die Infektion durch die Sporen erfolgt im August/September. Luftfeuchtigkeit erhöht die Schüttebefallsgefahr, da dann in den am Boden liegenden Nadeln der Pilz gut gedeihen kann. Die gesunden Nadeln werden besonders dann leicht befallen, wenn durch Trockenheit ein gewisser Welkegrad eintritt. Die Kiefernschütte ist eine der schwersten Pilzkrankheiten junger Kiefern und tritt in manchen Jahren auf großen Flächen auf, auf denen sich die Pflanzen größtenteils röten. Allerdings spielen dabei auch Standort und Rasse eine Rolle. Vorbeugend wirkt die Erziehung kräftiger oder schütteresistenter Pflanzen. Begründung von Kulturen im August durch Bepflanzung, Niederhaltung von Unkraut. Bekämpfung bei einjährigen Pflanzen mit Spritzbrühen schwierig, da die Flüssigkeit vom Wachsüberzug der Nadeln abgestoßen wird. Sonst hilft eine Behandlung im Juli mit kupfer- oder thiocarbamathaltigen Mitteln. Wiederholung der Bekämpfung bei feuchtem Wetter nach einem Monat. Außerdem Spritzen mit Ferbam 50 (VEB Berlin-Chemie).

Es gibt noch eine Anzahl weiterer Ritzenschorfe an verschiedenen anderen Nadelholzarten, wie den **Fichtenritzenschorf** (*Lophodermium macrosporum* Htg.), der vor allem an 10- bis 40jährigen Bäumen schadet, und den **Tannenritzenschorf** (*L. nervisequium* DC.). An Fichte und Tanne tritt *L. abietis* Rostr. und an Lärche *L. laricinum* Duby, an Weymouthskiefer der **Strobenritzenschorf**, hervorgerufen von *Hypoderma brachysporum* (Rostr.) Tub., auf.

b) **Rostige Douglasienschütte**, Schottische Douglasienschütte. Erreger *Rhabdocline pseudotsugae* Syd. Erstmals 1925 in Europa aufgetreten. An den Nadeln im Herbst kleine gelbgrüne Flecken, die später größer und violettbraun werden (marmoriert). Im Februar bis Mai erreicht diese Verfärbung ihren Höhepunkt. Die Nadelunterseite weist im April gelbbraune Streifen auf. Im Mai/Juni werden die Sporen reif. An den befallenen vorjährigen Trieben fallen die Nadeln ab. Bei wiederholtem Befall können an allen Altersklassen die Nadeln, außer den am Maitrieb befindlichen, verlorengehen. Neben Zuwachsverlust, Schmuckreisigentwertung und Schwächung können die Bäume auch absterben. Die Grüne Douglasie ist resistent gegenüber dieser Krankheit. Nur durch den Anbau resistenter Formen kann man der Gefahr begegnen.

c) **Rußige Douglasienschütte,** Schweizer Douglasienschütte. Verursacht durch *Phaeocryptopus* (*Adelopus*) *gäumanni* Rohde. Zuerst 1935 in Deutschland beobachtet. Die Jungnadeln (vielleicht auch alte) der Douglasie werden bei ihrem Austrieb befallen. Die Nadeln erscheinen trotzdem gesund. Im November/Dezember verschwinden die Wachspfropfen der Spaltöffnungen, aber erst im folgenden Sommer verfärben sich die Nadeln (gelbgrün marmoriert mit braunen Flecken). Im nächsten Winter verstärkt sich die Verfärbung, und es fällt bereits ein Teil der Nadeln ab. Der Pilz fruktifiziert zweimal. Danach werden weitere Nadeln abgeworfen. Ihren Namen trägt die Krankheit nach zwei rußigen Längsstreifen auf der Unterseite der älteren Nadeln. Im dritten Jahr kann die Unterseite von einer schwarzen Kruste (Fruchtkörperanlage) bedeckt sein. Jahrelang können die Bäume mit ein bis drei Nadeljahrgängen weiter vegetieren. Sie werden dann oft durch sekundäre Schädlinge zum Absterben gebracht. Schwerster Befall in Südwestdeutschland und der Schweiz. Hier Anbau kaum noch lohnend. Der in der Heimat der Douglasie harmlose Pilz ist erst in Europa schädlich geworden. Bekämpfung durch Lichtstellung.

d) **Lärchenschütte.** Verursacht durch den **Lärchenschüttepilz**, *Mycosphaerella laricina* (Htg.) Neg. Diese Krankheit tritt besonders in feuchten Lagen in allen Altersklassen sowohl unserer einheimischen als auch der japanischen Lärche auf. Im Juni/Juli zeigen sich auf den Nadeln, die anschließend zu Boden fallen, braune Flecken. Dunkelbraune kugelige Fruchtkörper bilden sich im kommenden Frühjahr an den am Boden liegenden Nadeln. In feuchten windstillen Lagen Lärchenanbau möglichst unterlassen. Auch Lärchen-Fichten-Mischbestände sind in diesem Zusammenhang als ungünstig zu bezeichnen. Die Mischung von Lärche und Buche ist günstiger, weil sich in dieser die Sporen nicht so leicht ausbreiten können. Spritzen mit Fungiziden.

e) **Schwarzer Schneeschimmel.** Erreger *Herpotrichia nigra* Htg. Entwickelt sich in Nadelholzjungpflanzen, indem das graubraune Myzel die Zweige umspinnt und Nadeln sowie Triebe zusammenklebt, und zwar hauptsächlich in höheren Gebirgslagen in Hohlräumen unter dem Schnee. Vorbeugend Umlegen der Pflanzen mit Steinplatten. Stäuben mit rhodandinitrobenzolhaltigen Mitteln.

f) Ein eigentümlicher sekundärer Parasit ist *Rhizophoma pini* P. et S. auf Nadeln verschiedener Nadelhölzer. Er tritt in erster Linie als Folgeparasit von Dürreauswirkungen auf älteren Nadeljahrgängen auf.

g) **Eichenmehltau.** Hervorgerufen durch *Microsphaera alphitoides* Griff. et Maubl. (*quercina* Foex) (Abb. 32). 1907 nach Europa eingeschleppt, verbreitet sich in erster

Abb. 32.
Eichenzweige von Mehltau befallen Phot. Prof. Dr. Liese, Eberswalde [2])

Linie an jungen Eichen und Eichenaufschlag sowie an Blättern des Johannistriebes. Am gefährdetsten ist die **Stieleiche.** Gelegentlich kommt dieser Pilz auch an Buche vor. Das Pilzmyzel übersteht den Winter vorwiegend in Knospen. Bei Wärme und hoher Feuchtigkeit besonders schädlich, vorwiegend wenn die Bäume zuvor primär geschädigt wurden. Die befallenen Triebe und Blätter sind von weißlichem primärem Myzel überzogen (Name). Erstinfektion meist an der Unterseite junger

[2] Herrn Prof. Dr. Lyr, Institut für Forstbotanik Eberswalde, herzlichen Dank für Überlassung der von Prof. Dr. Liese stammenden Aufnahmen

Blätter. Durch Mehltau geschädigte Johannistriebe reifen bis zum Eintritt des Winters nicht aus und fallen deshalb dem **Frost** zum Opfer (siehe **Kettenkrankheiten, Eichensterben**). Bekämpfung durch Spritzen oder Stäuben nach Laubausbruch mit Schwefelpräparaten und Wiederholung der Spritzung nach etwa einem Monat. Auch verschiedene andere Fungizide können Anwendung finden, z. B. Sulfex, Netzschwefel 80.

Es gibt noch einige weitere Mehltauarten an verschiedenen Laubhölzern, die aber keine große Rolle spielen.

Wir kennen ferner auf den verschiedensten Holzarten eine Reihe von Pilzen, die hauptsächlich Flecken auf den Blättern verursachen, so *Gnomoniella tubiformis* (Tode) Sacc. bei Erle, *G. pseudoplatani* Tub. bei Bergahorn, *Mycosphaerella ulmi* Kleb. bei Ulme, *M. maculiformis* Schröt. bei einigen Laubholzarten, *Venturia populina* Vuill. und *V. tremulae* Aderh. bei Pappel, wobei besonders bei den beiden letzteren eventuell anschließend auch die Zweige absterben können.

h) Besonders auffällig ist der **Runzelschorf** auf den Blättern verschiedener Forstgehölze. Am bekanntesten und weitverbreitet ist der **Ahornrunzelschorf**, *Rhytisma acerinum* (*P.*) Fr. *R. salicinum* (*P.*) Fr. kommt auf Weidenblättern vor.

i) Ein Verblassen und Glasigwerden der Pappelblätter bei Grünbleiben der Adern wird durch *Septogloeum populiperdum* Joh. hervorgerufen. Die nach einiger Zeit sich wölbenden Blätter fallen vorzeitig ab. Mit Kupferkalkbrühe läßt sich der Pilz bekämpfen.

Einige Pilzarten, wie *Gloeosporium fagicolum* Pass. an Buche und *G. tiliae* Oud. bei Winterlinde, verursachen bereits im Sommer Blattverfärbung und vorzeitigen Blattabfall.

Ähnlich verhält sich, ebenfalls bei Linde *Cercospora microsora* Sacc. Hier werden aber außer den Blättern auch die Blütenstände befallen.

2. Triebsterben

a) **Kieferntriebsterben.** Erreger *Cenangium abietis* (*P.*) Duby. Dieser Saprophyt kann Parasit werden und an einigen Kiefernarten verschiedenen Alters ein Triebsterben hervorrufen. Der Befall durch die **Kiefernnadelscheidengallmücke** (*Thecodiplosis brachyntera* Schwaeg.) scheint die Infektion durch den Pilz zu erleichtern. Der Infektionszeitpunkt liegt vermutlich verhältnismäßig zeitig im Jahr. Zuerst sieht man eine Bräunung der Nadelbasis, die dann auf die gesamte Nadel übergreift und zu einem Absterben der Endknospen führt. Auf der toten Rinde finden sich später schwarzbraune Fruchtkörper. Es wurden schon wiederholt Epidemien beobachtet, die nicht nur Zuwachsverlust, sondern sogar den Tod von Stangenhölzern und Dickungen hervorriefen.

An Purpurweide und Weißerle treten verwandte Krankheitserreger auf. Ähnlich schadet auch *Crumenula abietina* Lagerb. an Gemeiner, Schwarz- und anderen Kiefernarten. Von der Spitze der Basis tritt ein Vertrocknen der Kieferntriebe ein, wobei sich die Nadeln röten. Ihre Spitze bleibt aber grün. Sekundär dringt in die kranken Nadeln oft noch *Lophodermium pinastri* (Schrad.) Chev., der Erreger des **Kiefernritzenschorfes**, ein. Die Erkrankung bemerkt man erst im Frühjahr und zeitigen Sommer des nächsten Jahres. Die Auswirkungen dieser Krankheit sind unterschiedlich. Manchmal beschränkt sie sich nur auf die letztjährigen Triebe, sie kann aber auch mehrjährige oder den gesamten Baum ergreifen und zum Absterben bringen.

Lärchentriebsterben wird von *Crumenula laricina* Ettl. hervorgerufen.

Ebenfalls ein Absterben von Triebspitzen der Fichte hat als Ursache die Infektion durch *Septoria parasitica* Htg. Es werden in erster Linie jüngere Jahrgänge heimgesucht.

b) *Botrytis cinerea* Pers. bringt in erster Linie junge Nadelholz-, seltener Laubholztriebe zum Absterben. Dies beginnt meist im Sommer und zieht sich bis zum Herbst hin. Schwerere Schäden treten in Kämpen auf, sie können durch starke Beschattung vermehrt werden. Spritzen mit Thiocarbamaten hat Erfolg.

b) **Einschnürkrankheit** wird an Zweigen der Tanne durch *Phoma abietina* Htg. verursacht. Diese an sich häufige, aber nicht sehr bedeutungsvolle Krankheit hat ihren Namen von der Tatsache, daß die kranken Abschnitte der abgestorbenen Zweige gegen die gesunden Teile Einschnürungen zeigen.

Es gibt auch ähnliche Erscheinungen bei Strobe, Douglasie und anderen Nadelhölzern, hervorgerufen durch *Phoma pithya* Sacc., die bei Jungpflanzen zum Tode führen können.

c) Ein Parasit, der an allen Holzarten, und zwar in der Jugend, eine Einschnürkrankheit hervorrufen kann, ist *Pestalozzia hartigii* Tub. Die Einschnürstelle liegt in diesem Falle dicht über der Erdoberfläche.

d) **Rindenschildkrankheit**, durch *Phomopsis pseudotsugae* Wils. an japanischer Lärche und Douglasie verursacht, beginnt mit den Erscheinungen der **Einschnürkrankheit**. Bei Althölzern sterben nur Teile der Rinde ab, die sich dann wie ein Schild abheben lassen. Eigentümlicherweise liegt die Hauptentwicklungszeit dieses Pilzes in der kalten Jahreszeit. Im Sommer versucht der Baum, zum Teil mit Erfolg, die Wunden zu überwallen. Es handelt sich im vorliegenden Fall um einen Wundparasiten, der Ästungs- und Fällungswunden sowie andere Verletzungen während der Vegetationsruhe zum Eindringen benutzt. Frostschaden kann die Infektion ebenfalls fördern. Vorbeugend ist alles zu vermeiden, was während des Winters Eingangspforten für das Eindringen des Pilzes schafft.

Triebsterben an einigen Laubholzarten werden verursacht durch *Septogloeum saliciperdum* Tub. et All. bei Weide und Pappel sowie durch *S. hartigianum* Sacc. an Feldahorn.

e) **Erlenwipfelpilz**, *Valsa oxystoma* Rehm. Verursacht bei der Erle Wipfeldürre, indem sein Myzel die Wasserleitung unterbricht. Man hielt ihn ursprünglich für die Ursache des **Erlensterbens** (s. S. 60).

f) Eine weitere Art dieser Gattung (*Valsa sordida* Nitsch.) kann als Parasit auf geschwächte Pappeln übergehen, wo er das Cambium und die Rinde abtötet und auf dem Holz dunkle Flecken erzeugt. Anschließend führen Überwallungen zu krebsartigen Erscheinnungen. Auf abgestorbenen Ästen gesunder Pappeln lebt er weitverbreitet als Saprophyt. Es gibt resistente Pappelsorten, die beim Anbau zu bevorzugen sind.

g) **Weymouthskiefernblasenrost**, erregt von *Cronartium ribicola* Dietr. (= *Peridermium strobi* Kleb.). Befällt 5nadlige Kiefernarten und die Arve. Krankheitserscheinungen mit ihrem jährlich auftretenden gelben Blasen sind sehr auffällig. Zwischenwirte sind *Ribes*-Arten (Stachelbeere, Johannisbeere). Jüngere Weymouthskiefern gehen stets ein. Ältere erholen sich wieder. Anfangs sah es aus, als ob der Strobenanbau in Europa durch diesen Parasiten zum Erliegen kommen würde. Dieses Stadium ist aber nunmehr überwunden. Vorbeugend wirkt das Entfernen von *Ribes*-Büschen. Aushieb der erkrankten Bäume reicht nicht als Bekämpfungsmaßnahme aus.

h) Es gibt auch einen **Fichtenblasenrost**, dessen Erreger *Chrysomyxa rhododendri* (DC.) De By. und *Ch. ledi* (A.et.S.) De By. (= *Aecidium abietinum* A. et S.) sind. Als Zwischenwirte kommen in alpinen Gebieten die **Alpenrosen**, in der Ebene der **Sumpfporst** in Frage. Hier sind die aus den vergilbten Nadeln der letzten Fichtentriebe entwickelten Fruchtkörper hellrot. Die Nadeln schütten. Diese Krankheit ist besonders in den Alpen mit ihren umfangreichen Alpenrosenbeständen verbreitet.

i) **Kieferndrehrost**, verursacht durch *Melampsora pinitorqua* Rostr. (= *Caeoma pinitorqum* A. B.). Ruft auf Gemeiner, Weymouths- und Bergkiefer ein Verkrümmen der Triebe hervor. **Zwischenwirte** sind **Pappelarten**, die kaum geschädigt werden. Bereits noch im Wachsen befindliche Maitriebe zeigen auf der Rinde hellgelbe langgestreckte Flecken. Die Triebe können abgetötet werden, sie drehen sich aber meist S-förmig durch einseitiges Absterben der Triebe. Der Hauptschaden wird an 1- bis 10jährigen Kiefern beobachtet. Seuchenhaftes Auftreten unter bestimmten Witterungsverhältnissen. Vorbeugend sind alle Zwischenwirte in der Nähe von Kiefernkulturen zu beseitigen.

Abb. 33a
Am Ulmensterben (*Ophiostoma ulmi* Buism.) erkrankte Ulme
Phot. Prof. Dr. Liese, Eberswalde

3. Krankheiten an Stamm und Ästen

a) **Ulmensterben** wird verursacht von *Ophiostoma* (*Graphium*) *ulmi* (Buism.) Nannf. Seit Anfang der 20iger Jahre ernste Ulmenkrankheit. Bei der chronischen Form findet sich eine schüttere Belaubung (Abb. 33 a), die vor der normalen Zeit abfällt. Erst sterben Zweige und schließlich, meist unter Mitwirkung von unter der

Stammrinde lebenden **Borkenkäfern**, die Bäume ab. Beim akuten Verlauf tötet der Krankheitserreger Äste bzw. Bäume so rasch ab, daß oft die Blätter nicht einmal abfallen können, sondern vertrocknen, ohne zu vergilben. Die Pilzsporen werden vorwiegend durch den Reifungsfraß der **Ulmensplintkäfer** in den Zweigen der Kronen übertragen. Durch die in den Leitbahnen abwärts wachsenden Pilzhyphen verthyllen erstere, und der Saftstrom wird gehemmt. Auf Querschnitten erscheinen

Abb. 33b. Stammquerschnitt

dunkelbraune Ringe (Abb. 33 b). Die Bekämpfung muß sich gegen die übertragenden **Borkenkäfer** richten (Fangbäume werfen). Die Züchtung resistenter Ulmen ist noch nicht gelungen, aber es besteht Aussicht dafür.

Ferner gibt es noch einige *Ophiostoma*-Arten an Eiche, die Wipfeldürre verursachen können.

b) **Kiefernbaumschwamm**, verursacht durch *Trametes pini* Fr. Dieser Wundparasit der Nadelhölzer, vorwiegend der Kiefer, dringt meist durch Astabbrüche ins Innere der Stämme ein. Auch verkernte Schälstellen dienen als Infektionsstellen, da der Pilz nur Kernholz infizieren kann. Die Ausbreitung des Pilzes im Stamm verläuft erst senkrecht, später auch waagerecht. Je nach Temperatur und Harzgehalt schreitet die Erkrankung jährlich 8—25 cm fort. Verharzung hindert das Eindringen des Pilzes. Die Bezeichnung „**Ringfäule**" erklärt sich daraus, daß das weitlumige Frühjahrsholz rascher zerstört wird als das Herbstholz. Es wird rotbraun und bekommt weiße Flecken. Bei Kiefer und Lärche spricht man auch von „**Kernschäle**", weil im allgemeinen nur der Kern angegriffen wird, bei Tanne und Fichte dagegen ebenfalls der Splint. Erst nach $^1/_2$—2 Jahrzehnten treten bei Kiefer und Lärche die braunen holzigen Fruchtkörper (Konsolen) in der Nähe von Aststellen oder Schälwunden auf. Bei Fichte und Tanne können sie auch krustenförmig aus der Rinde herauskommen. Die Fruchtkörper können ein Alter von 50 Jahren und mehr erreichen. Die Sporen werden laufend zu jeder Zeit frei (besonders Ende April/Mai und Mitte Oktober/Ende November). Die Infektionsstelle (beulig oder vertieft) ist durch chinesenbartartigen Harzfluß erkennbar. In Deutschland vorwiegend im ostdeutschen Kieferngebiet mit weniger als 600 mm Niederschlag. Für diese Gebiete hat diese Krankheit Bedeutung. Die Wertminderung der Stämme ist beträchtlich, deshalb sind sie baldmöglichst zu nutzen. Eine Bekämpfungsmethode ist dies dagegen nicht. Vorbeugend wirkt nach Olberg engste Bestandsbegründung.

c) **Kienzopf**, verursacht durch den Kiefernrindenblasenrost *Cronartium asclepiadeum* (Willd.) Fr. [= *Peridermium pini* (Willd.) Kleb.] (Abb. 34). Zwischenwirt ist die **Schwalbenwurz** (*Vincetoxicum*-Arten), doch ist ein solcher nicht notwendig. Jährlich entstehen an den Zweigen und am Stamm blasenförmige gelbe Auftreibungen (Name!). Die Krankheit führt zum Absterben von Zweigen und zur Verkienung im Inneren. An der Rinde entstehen gelegentlich schwarze Harzkrusten. Der Stamm wird exzentrisch oder dreht sich. Erst nach

Jahrzehnten tritt durch Absterben von Kronenteilen der „Kienzopf“ in Erscheinung. Der Höhepunkt des Krankheitsbefalls wird in Beständen von etwa 50 Jahren erreicht. Bekämpfung durch Aushieb der erkrankten Stämme. Trotzdem geht die Ausbreitung weiter.

d) **Rotpustelkrankheit** durch *Nectria cinnabarina* (Tode) Fr. an verschiedenen Laubhölzern. Befallene Stellen

Abb. 34. Kiefer mit Äzidien des Kiefernblasenrostes
Phot. Prof. Dr. Liese, Eberswalde

sind dünner als gesunde. Sie zeigen vorwiegend im Winter rote Pusteln. Bei parasitischem Auftreten bräunt sich das Holz, bei Ahorn wird es grün, und die Wasserleitungsgefäße verstopfen. Weit verbreitet als Saprophyt. Gefährdet sind in erster Linie junge Pflanzen und die Äste älterer Bäume. Beseitigung der befallenen Pflanzenteile durch Abschneiden und Verbrennen.

e) **Rindentod** durch *Dothichiza populea* Sacc. et Br. Secundärer Parasit an Pappel, der aber an geschwächten 1- bis 2jährigen und älteren Bäumen eine sehr große Bedeutung erlangen kann. Meist dunkle, seltener helle Flecken auf der befallenen Rinde, die abstirbt und einsinkt bzw. anschließend aufreißt. Verschluß der Wunde durch Überwallung ist möglich, sonst stirbt der Teil oberhalb der Befallsstelle oft ab. Trockene Aststummel und Wunden, ja selbst Blattnarben, ermöglichen dem Pilz das Eindringen. Hauptinfektionszeit Mai/Juni. Man soll auch vermeiden, daß Pflanzen vor dem Einpflanzen geschwächt werden. Das wirkt vorbeugend. Vor dem Pflanzen sollte man die Pappeln zwei Tage mit den Wurzeln in frisches möglichst fließendes Wasser legen. Beim Aufasten keine toten Aststummel stehen lassen. Behandlung mit Fungiziden muß mehrmals im Jahre wiederholt werden. Sie kann allerdings auch nachteilig auf die Pappelpflanzen wirken. Anbau resistenter Arten.

f) **Buchenkrebs.** Verursacht von drei *Nectria*-Arten (*ditissima* Tul., *galligena* Bres. und *coccinea* Fr.). Diese befallen verschiedene Laubholzarten. Anfangs stirbt die Rinde ab. Die entstandenen Wunden werden von Überwallungswülsten umgeben. Manchmal gelingt die Überwallung, trotzdem sterben die über dem Krebs gelegenen Zweige oder Stammteile ab.

g) **Pappelkrebs.** Hervorgerufen durch *Nectria coccinea* (P.) Fr. var. *sanguinella* (Fr.) Wr. und *N. galligena* Bres. var. *major* Wr. Tritt erst seit 1927 in Deutschland auf. Die krebsartigen Bildungen unterscheiden sich von denen des **Bakterienkrebses** dadurch, daß sie keinen Schleimfluß zeigen. Sie treten aber auch an Zweigen und Stämmen verschiedener Pappeln auf, die unterschiedlich anfällig sind.

h) **Lärchenkrebs** wird verursacht durch *Dasyscypha willkommii* Htg. *(calycina)*. Die Krankheitserscheinungen treten häufig an der im Mittelgebirge angepflanzten **Alpenlärche**, weniger an der **Sudetenlärche** und der **Japanischen Lärche** auf. Die ersten Symptome sind verhältnismäßig unscheinbar. Sie treten an Ästen und Stämmen in Gestalt von mattglänzenden Stellen mit aufgewulsteten Rändern auf (Abb. 35). Es zeigen sich

Harzausfluß und Rindenrisse. Schließlich löst sich stellenweise die Rinde ab. Zur Abtötung lebenden Gewebes wirkt der Pilz mit dem **Frost** zusammen, da der Pilz gesunde Baumteile nicht befallen kann. Er schwächt von abgestorbenen Partien aus, die er besiedelt hat, das benachbarte Gewebe, so daß es der Frosteinwirkung zum Opfer fällt. Auf diese Weise dringt er allmählich

Abb. 35. Lärchenkrebs Phot. Prof. Dr. Liese, Eberswalde

weiter vor. Die Überwallungsversuche des Baumes führen innerhalb eines Jahres zu den uns bekannten **Lärchenkrebsen**, und zwar besonders auf Standorten (feucht), die für die Lärche ungünstig sind. 20- bis 100jährige Lärchen werden in erster Linie befallen. Gesunden gutwüchsigen Bäumen gelingt eine Überwallung des Krebses. Krebskranke Lärchen zeigen Zuwachs- und Nutzholzverluste und fallen entweder dem Krebs oder sekundären Schäden zum Opfer. Waldbauliche Maßnahmen und der

Anbau der für die betreffenden Standorte geeigneten Rassen wirken vorbeugend.

i) **Tannenkrebs**, hervorgerufen durch *Melampsorella caryophyllacearum* (DC.) Schröt. = *Aecidium elatinum* A. et S. Diese Krankheit erzeugt im Frühjahr durch das Eindringen des Pilzes in die Maitriebe eine **Verdikkung** des Sprosses und mitunter einen **Hexenbesen**, der viele Jahre wachsen kann. Nach seinem Absterben schwillt die befallene Ast- oder Stammstelle weiter an und bekommt eine dunkle rissige Rinde. Die Krankheit kann überall vorkommen, sie vermindert den Zuwachs und den Wert des Holzes. Sekundäre Schäden bzw. Schädlinge können die krebskranken Bäume weiter schädigen. Die Krebsstellen werden häufig sekundär von Fäulnispilzen befallen. Als Zwischenwirte kommen **Hornkraut** und **Sternmiere** in Frage. Bäume mit Schaftkrebsen müssen gefällt werden.

j) Eine eigentümliche Erscheinung wird speziell auf Brandflächen bzw. bei Waldarbeiterfeuern beobachtet. *Rhizina inflata* (Schaeff.) Karst., ein an sich saprophytisch lebender Pilz, umspinnt Baumwurzeln und kann Nadelbäume infizieren. Sichtbar wird diese Art durch das Auftreten der 1—5 cm großen **schüsselartigen Fruchtkörper**, die häufig in **Hexenringform** auftreten (**Ringseuche**). Vereinzelt ist er epidemisch aufgetreten. Die Stellen sollten nach Vernichtung der erkrankten Pflanzen durch Gräben isoliert werden.

k) **Kiefernstockfäule** hervorgerufen durch den **Kiefernporling** (*Polyporus schweinitzii* Fr.) bilden an der Stammbasis dachziegelartig übereinanderstehende braune Fruchtkörper. Bei Kiefer, Weymouthskiefer, Douglasie und Fichte erkrankt der Kern der Wurzeln und der Stammbasis.

l) Schwere Schäden in allen Altersklassen sämtlicher Holzarten, besonders der Nadelhölzer, richtet der **Hallimasch**, *Armillaria* (*Agaricus*) *mellea* (Vahl.) Sacc., an. Bei den Kiefern bezeichnet man die Krankheit als **„Harzsticken“**. Vorwiegend tritt er als Folgeparasit primärer Schäden, wie Trockenheit, Rauchschaden, Insektenschaden usw. auf. Er kann aber auch als Primärschädling sekundären Insektenschädlingen den Weg bereiten. Wahrscheinlich spielt er eine noch viel größere Rolle, als man bisher angenommen hat. Seine Fruchtkörper sind den Pilzsammlern allgemein bekannt. Sonst kann er aber in sehr verschiedener Form auftreten.

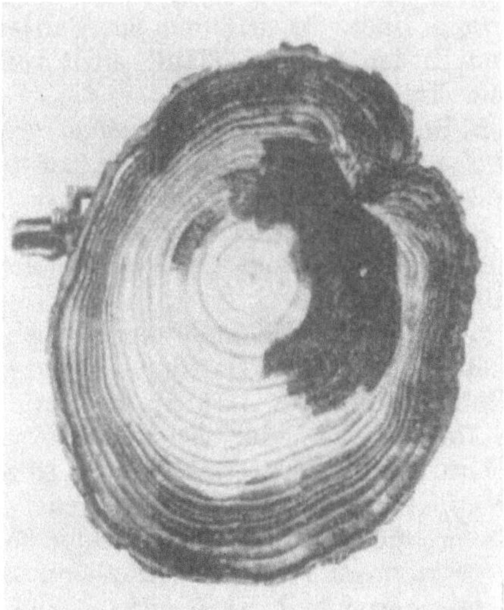

Abb. 36.
Stammquerschnitt mit Rotfäule
Phot. Prof. Dr. Liese, Eberswalde

Neben den weit verbreiteten, dunkelbraunen, wurzelartigen Rhizomorphen finden wir einfache dünne Fäden, weiße flächenartige Häute und fächerförmige Bänder. Äußerlich kann man an der Basis junger Koniferenpflanzen starken Harzausfluß beobachten. Für die Infektion sind Wunden nicht unbedingt die Voraussetzung, wenn diese sie auch beschleunigen. Vorbeugend sollen Nadelhölzer möglichst nicht auf Flächen angebaut werden, die vorher erkrankte Laubhölzer trugen. Einzelbäume, die Befall zeigen, sind zu beseitigen oder mit 30—50 cm tiefen Gräben zu umgeben.

m) **Weißfäule**, durch den **Echten Feuer-** oder **Zunderschwamm** (*Polyporus fomentarius* Fr.) an Laubhölzern, vor allem Buche und Ulme, erzeugt. Die Fruchtkörper sind grau und huf- oder konsolförmig. An einigen anderen Laubhölzern, wie Eiche, Pappel und Weide, wird dieselbe Erscheinung durch den **Falschen Feuerschwamm** (*Polyporus igniarius* Fr.) hervorgerufen, dessen Fruchtkörper steinhart, rissig, grau bis schwarz und hufeisenförmig sind. In gefällten oder abgestorbenen Buchen und Eichen wird **Weißfäule** auch von *Hydnum diversidens* Fr. hervorgerufen.

n) **Rotfäule.** (Abb. 36) Erzeugt vom **Schwefelporling** [*Polyporus sulphureus* (Bull.) Fr.] an verschiedenen Laubhölzern, wie Eiche, Pappel, Weide und Nadelhölzern. Der gelbe Fruchtkörper hat mehrere Etagen übereinander. Derbe, weiße Myzelhäute durchziehen das befallene Holz.

o) **Rot-** und **Weißfäule** werden auch von einer Anzahl weiterer Arten der Gattung *Polyporus* erzeugt, so vom **Kiefernporling** (*P. schweinitzii* Fr., **Kiefernstockfäule**) in Douglasie, Fichte, Kiefer und Weymouthskiefer. An Fichte verursacht **Weißfäule** *P. borealis* (Wahlb.) Fr., *P. officinalis* Fr. wächst in Lärche, *P. pinicola* Fr. in Kiefer, Fichte und Tanne, und der **Porenhausschwamm**, *P. vaporarius* P., ruft **Rotfäule** in Fichte, Kiefer und Tanne hervor. *P. applanatus* P. lebt häuptsächlich in Buche, Eiche und Esche, *P. obliquus* P. in Ahorn, Birke und Buche. So gibt es noch eine größere Anzahl von Arten dieser oder anderer Gattungen, die zu den Holzzerstörern gehören.

p) In Nadelholz-, besonders Fichtenbeständen, ist die vom **Wurzelschwamm**, *Trametes radiciperda* Htg. = *Fomes annosus* Fr., verursachte **Rotfäule** (Abb. 36) überaus wichtig. Dieser zum Teil saprophytisch lebende Pilz dringt sowohl in lebende als auch in tote und gefällte Bäume als Parasit ein. Als Infektionsstellen dienen Wunden (Rotwildschälung, Rücke- und Fällungsschäden) und abgestorbene Wurzeln. Von kranken Wurzeln können bei enger Berührung mit gesunden Wurzeln auch gesunde Bäume erkranken. **Bakterien** und **Hallimasch** können diesem Schädling den Weg bereiten. Seine Ausbreitung in Kiefer wird durch den stärkeren Harzgehalt behindert und schädigt deshalb nur die Kiefernwurzeln. Die Bäume gehen aber später unter Umständen ohne technische Schädigung des Holzes ein. Weitlumiges Holz begünstigt das Pilzwachstum im Bauminneren. Es wird hier auf den Abschnitt „Ackersterbe" verwiesen. Streunutzung, Waldweide und Sturm führen zu Wurzelverwundungen, die die Erkrankung fördern. Die Bruchgefahr steigt. Viele der versuchten Gegenmaßnahmen schlugen fehl. Kilias' Untersuchungen haben auch in bezug auf die Ackersterbe neue Gesichtspunkte eröffnet. Das Holz, besonders der Fichte, färbt sich nach violetter Streifung meist rotbraun mit weißer Fleckung und wird anschließend durchlöchert. Die Stammbasis befallener Fichten verdickt sich. Auch in Laubholz kann sich der Pilz ausbreiten. Der befallene Baum bleibt grün. Es können alle Altersklassen erkranken.

q) **Blaufäule.** Einige in Nadelhölzern vorkommende *Ophiostoma*-Arten [*O. pini* L. (Mch.) Syd. u. *O. canum* L. (Mch.) Syd. in Kiefer, *O. coeruleum* L. (Mch.) Syd. und *O. coerulescens* L. (Mch.) Nannf. in Kiefer und Fichte, *O. pluriannulatum* (Hdge.) Syd. in Fichte und *O. piceae* (Mch.) Syd. in Fichte, Kiefer und Tanne] rufen im Splint **Bläuung** hervor, die die Holzfestigkeit erst nach einem halben Jahr, aber nur gering, herabsetzt, dafür aber das Holz vor anderen Pilzen schützt. Diese Bläuepilze dringen nur in kranke oder gefällte Bäume ein.

r) Ferner gibt es eine Anzahl von Arten der Pilzgattung *Stereum*, die an verschiedenen Holzarten holzzerstörende Wirkungen hervorrufen. Darunter befinden sich einige Arten, die vorwiegend als Saprophyten auftreten, aber unter bestimmten Umständen pathogen werden können. So entstehen durch *St. hirsutum* (Willd.) Fr. in gefällten Eichen **Weißstreifigkeit**, durch *St. frustu-*

losum (P.) Fr. eine **Rotbraunfärbung** mit weißen Löchern und durch *St. sanguinolentum* (A. et S.) Fr. Holzzerstörung in gefälltem Koniferenholz.

4. Keimlingskrankheiten

a) **Umfallkrankheit, Keimlingsfäule, Wurzelbrand,** erregt vom **Buchenkeimlingspilz,** *Phytophthora omnivora* de Bary. Bei dieser Krankheit fallen in der Zeit von Mai bis Juli die Keimlinge verschiedener Laub- und Nadelholzarten um, nachdem ihre Basis sich geschwärzt hat. Am schwersten leiden Fichte, Kiefer und Buche. Die die Krankheit übertragenden Sporen können sich jahrelang im Boden lebend erhalten und infizieren vorwiegend Keimlinge an feuchten Stellen oder in nassen Jahren. Von verseuchten Flächen dürfen keine Saaten ausgeführt werden. Die erkrankten Pflanzen werden zusammen mit der umgebenden Bodenstreu beseitigt. Auch Bodenbearbeitung und Düngung ist zu empfehlen. Erkrankte Pflanzen können mit Pilzvernichtungsmitteln (Fungiziden) gespritzt werden.

b) Neben der genannten Art verursachen zahlreiche andere Pilzarten, wie vor allem *Fusoma parasiticum* Tub., *Rhizoctonia-* und *Fusarium*-Arten, *Pestalozzia hartigii* Tub. sowie *Moniliopsis klebahni* Burch. ebenfalls Keimlingskrankheiten bei Laub- und Nadelhölzern. Der Befall ist wahrscheinlich erst mit Hilfe von Welketoxinen möglich, die die Pflanzen für den Krankheitserreger vorbereiten. Diese werden durch Bodenkolloide gebunden, was den Befall herabsetzt. Das gleiche geschieht bei hoher Bodenazidität. Auch sonst können sich biologische Hemmungsfaktoren im Boden befinden. Dagegen wird die Krankheit gefördert durch Hitze, Feuchtigkeit und Schatten. Die Keimlingskrankheiten können in manchen Jahren eine große Rolle spielen.

Moniliopsis klebahni Burch. tötet nur sehr junge bis höchstens 1 Monat alte Nadelholzpflänzchen (Douglasie, Kiefer, Lärche und Tanne) ab. Fichte wird dagegen nicht befallen.

c) Als weitere Keimlingspilze treten gelegentlich auf der im allgemeinen saprophytisch lebende *Cladosporium herbarum* (P.) Lk. (an Nadelholz) und *Cercospora acerina* Htg. (Ahorn).

d) Daß auch Saprophyten, ohne pathogen zu werden, junge Forstpflanzen vernichten können, sieht man am Verhalten des **Zerschlitzten Warzenpilzes** (*Thelephora laciniata* P.). Sein brauner lederartiger Fruchtkörper kann bis 20 cm hohe Forstpflanzen umwachsen und auf diese Weise ersticken. Vorbeugend ist Lochpflanzung auf feuchten Standorten zu vermeiden.

e) **Eichenwurzeltöter,** *Rosellinia quercina* Htg., Wurzelspitzen und Wunden dienen den Infektionshyphen in feuchten Jahren zum Eindringen in Jungpflanzen (1—9 Jahre alt) von Eichen sowie anderer Laub- und Nadelhölzer. Nachdem die Blätter abgestorben sind, schrumpfen Rinde und Holzgewebe dicht unter der Erdoberfläche, und auf diese Weise gehen die Pflanzen ein. Hauptschaden wurde in dichten Rillensaaten und in Saatkämpen beobachtet. Neben der Vernichtung der erkrankten Pflanzen helfen Bodendesinfektion, Übererden der infizierten Flächen und Beseitigung von Beschattung.

IV. Bakterien

Auch die **Bakterien** haben als Krankheitserreger eine große Bedeutung. Sie sind bekanntlich niedere Pflanzen von stäbchenförmiger, kugeliger oder spiraliger Gestalt. Die für Pflanzenkrankheiten in Frage kommenden Arten haben Stäbchenform. Ihre Fortpflanzung in Gestalt von Teilung geht sehr rasch vor sich. Meist handelt es sich um Wundparasiten. Nur wenige Arten können die unverletzte Rinde durchwandern. Dort wirken sie durch giftige Abscheidungsprodukte (Toxine) schädigend und schließlich abtötend auf die Zellen und dringen anschließend in sie ein. Ferner kommt ein Verstopfen von Leitbahnen vor.

Ein über das Normale hinausgehendes Wachstum von Zellen führt zu Wucherungen und Mißbildungen. Es sind dies z. B. krebsartige Bildungen (**Tumoren**) am Wurzelhals verschiedener Größe, die die Wasserzufuhr stören und unter Umständen die Bäume zum Absterben bringen. Es soll bei allen befallenen Holzarten der gleiche Erreger, nämlich *Agrobacterium tumefaciens* (Sm. et Towns.) Conn., in Frage kommen. Ebensolche Erscheinungen treten an Ästen und am Stamm verschiedener Holzarten auf. Schwierig ist die Unterscheidung zwischen **Bakterienkrebs** und den durch Pilze hervorgerufene krebsartigen Bildungen. So gibt es an Pappel sowohl eine von **Bakterien** (*Pseudomonas rimaefaciens* Kon.) als auch eine von **Pilzen** hervorgerufene Krebskrankheit. Im ersteren Fall wird aus Rindenrissen Schleim abgesondert, und es entstehen kleine krümlige Krebsbildungen. Im Holzinneren treten rötliche Bänderungen auf. Die Infektion erfolgt vorwiegend im Frühjahr. Dem Auftreten dieser Krankheit kann nur durch Anpflanzen resistenter Arten vorgebeugt werden. Krebsartige Bildungen an den Zweigen von Esche werden oft mit den Erscheinungen verwechselt, die durch den Ernährungsfraß des Eschenbastkäfers verursacht werden. Beim **Eschenkrebs** tritt, wie beim **Bakterienkrebs** der **Pappel**, Schleim aus. Die Schleimflecken sind aber meist rötlich.

Die zweite Gruppe von Bakterienschäden führt zur Verstopfung von Leitbahnen und damit zu Welkeerscheinungen. Es sind solche in erster Linie bei einigen Weidenarten bekannt geworden. Auch hierbei finden sich Schleimflüsse.

V. Viren

Viren können, ähnlich wie bei Mensch und Tier, auch bei den Pflanzen Krankheitserreger sein. Wegen ihrer geringen Größe sind sie im gewöhnlichen Mikroskop selbst bei größter Vergrößerung unsichtbar. Die von ihnen hervorgerufenen Krankheiten nennt man Virosen.

Bei Ahorn, Birke, Buche, Pappel und Ulme kommt als Viruskrankheit ein Absterben der Blätter nach **mosaikartiger Verfärbung** vor. An Esche und Robinie wurden **Hexenbesen** beobachtet. Auch Kleinblättrigkeit kann auf Viren zurückzuführen sein. In der USA sterben gelegentlich in größerem Umfang Ulmen an Phloem-Nekrose, ebenfalls einer Viruskrankheit, ab.

D. Folgen der Schädigungen des Waldes für die Wirtschaftsführung

Waldkatastrophen haben meist beträchtliche finanzielle Schäden zur Folge. Bedauerlicherweise ist dies aber nicht der einzige Schaden. Wenn durch Sturm, Schnee, Insekten usw. auf großen Flächen die Bestände verschiedensten Alters vernichtet werden, muß die gesamte Planung geändert werden, da die räumliche und zeitliche Ordnung eines Reviers restlos gestört werden kann. Das gilt nicht nur für die vollkommen vernichteten Flächen, deren Aufforstung in ihrer Großräumigkeit auf große Schwierigkeiten stößt, sondern auch für Flächen, die anormal stark aufgelichtet wurden. Abrundungen von Schadflächen erhöhen den Einschlag weiter. Manche Dauerschäden, wie Rauchschäden, können dazu zwingen, die geschädigten Holzarten durch resistente zu ersetzen, was meist den Ertrag mindert.

Abtrieb und Wiederaufforstung von Großschadflächen setzen eine ausgezeichnete Organisation voraus. Dazu gehören Beschaffung ausreichender Arbeitskräfte, Maschinen, Fahrzeuge usw. Eventuell kommen Anlage oder Ausbesserung von Wegen, Holzlagerplätzen und Baracken in Frage. Für die Wiederaufforstung ist die Bereitstellung von Pflanzenmaterial notwendig. Erhöhter

Holzanfall in Schadgebieten führt umgekehrt meist zu einer Herabsetzung der Einschlagshöhe in anderen Gebieten. Außerdem ist die Sicherung der zusätzlichen Pflegemaßnahmen in den folgenden Jahren wichtig.

Schwere Störungen des Wirtschaftszieles, die unter Umständen kaum zu beheben sind, werden in der Schutzwaldzone der Hochgebirge und in Dünengelände verursacht.

Der Holzertrag geschädigter Gebiete wird mengenmäßig herabgesetzt, aber auch die Qualität leidet schwer, ersterer ebenfalls durch Schäden häufig erzwungenen vorzeitigen Abtriebs der Bestände.

Durch die Vernichtung größerer Waldgebiete können sich die klimatischen Verhältnisse der Umgebung und die Grundwasserverhältnisse grundlegend ändern und nachteilig auf die benachbarten landwirtschaftlichen Flächen wirken. Früher haben große Katastrophen im Forst auch auf die berufliche Tätigkeit der Bewohner des betreffenden Gebietes entscheidend eingewirkt, wie z. B. Borkenkäferkatastrophen im Harz.

Literatur

AMANN, G., Kerfe des Waldes. Neumann, Melsungen 1959.

ANZYSCHKIN, S. P., Brandschutz des Waldes. Verlag Technik, Berlin 1954.

BEHRENDT, G., Die Bedeutung der Roten Waldameise bei Forleulenkalamitäten. Zeitschr. für Forst- und Jagdwesen, **65**, 479–498 (1933).

BERLEPSCH, H. VON, Der gesamte Vogelschutz. Neumann, Neudamm 1929.

BOEKER, P., Nutzen der Coccinella-Larven. Arbeiten aus der Biologischen Reichsanstalt für Land- und Forstwirtschaft, **5**, 282 (1906).

BUBENIK, A., Grundlagen der Wildernährung. Deutscher Bauernverlag, Berlin 1959.

BURSCHEL, P., u. E. RÖHRIG, Unkrautbekämpfung in der Forstwirtschaft. P. Parey, Berlin 1960.

EIDMANN, H., Die forstliche Bedeutung der Roten Waldameise. Zeitschr. f. angewandte Entomologie, **12**, 298–331, (1926).

ESCHERICH, K., Forstinsekten Mitteleuropas. P. Parey, Berlin 1914/1942.

FABRICIUS, L., Gipfelbruch und Stammfäule in Fichtenbeständen. Forstwiss. Zentralblatt, **62**, 262–266, (1940).

GÄBLER, H., Kiefernstreuuntersuchungen auf Schadinsekten. Neumann, Radebeul 1953, 3. Aufl.

GÄBLER, H., Forstschutz gegen Tiere. Neumann, Radebeul 1955.

GÄBLER, H., Allgemeiner Forstschutz. Neumann, Radebeul 1962.

GÄBLER, H., Schädliche und nützliche Insekten des Waldes. Neumann, Radebeul 1962, 3. Aufl.

GEIGER, R., Die Witterungsbedingungen für Großbrände. Mitteilungen d. Reichsinstituts Forst- u. Holzw. **5**, 1–11 (1948).

GÖSSWALD. K., Die Rote Waldameise im Dienste der Waldhygiene. Metta Kinau Verlag, Lüneburg.

Hartig, R., Untersuchungen über Blitzschläge in Waldbäumen. Forstl. Naturwiss. Zeitschr., **6**, 97–120, 148–165, 193–206 (1897.)

Heger, A., Die Sicherung des Fichtenwaldes gegen Sturmschäden. Neumann, Radebeul 1948.

Hess–Beck, Der Forstschutz. Neumann, Neudamm 1927 bis 1930.

Kilias, G., Untersuchungen über Wachstum und Wurzelausbildung der Kiefer (Pinus silvestris L.) auf aufgeforstetem ehemaligen Ackerland. Inaugural-Dissertation der Forstwiss. Fakultät Eberswalde der Humboldt-Universität zu Berlin, 30. 10. 1957.

Kirwald, E., Forstlicher Wasserhaushalt und Forstschutz gegen Wasserschäden. E. Ulmer, Stuttgart 1950.

Kulicke, H., Zur Kontrolle des Mäusebesatzes und Bekämpfung der Erdmaus mit Toxaphenpräparaten. Merkbl. 27 des Instituts für Forstwissenschaften Eberswalde, Abt. Forstschutz gegen tierische Schädlinge 1958.

Kurir, A., Peziza festiva Meig. und Heringia virens Fabr. Räuberische Syrphiden auf Pemphigus spirothecae Pass. Wiener Entomologische Rundschau, 1, 1949.

Mansfeld, K., Vogelschutz im Wald, Feld und Garten. Deutscher Bauernverlag, Berlin 1954, 8. Aufl.

Mohr, E., Die freilebenden Nagetiere Deutschlands und der Nachbarländer. Fischer, Jena 1954, 3. Aufl.

Münch, E., Hitzeschäden an Waldpflanzen. Naturwiss. Zeitschr. für Land- und Forstwirtschaft, **11**, 557–562. (1913).

Münch, E., Frostempfindlichkeit wintergrüner Gehölze. Berichte der Deutschen Botanischen Gesellschaft, **51**, 20–21 (1933).

Münch, E., Das Erlensterben. Forstwiss. Zentralblatt, **58**, 173–194, 230–248 (1936).

Nolte, H.–W., Kann der Puppenräuber (Calosoma sycophanta L.) eine Schädlingsplage beendigen? Forstw. Zentralblatt, **62**, 135–138 (1940).

Nüsslein-Rhumbler, Forstinsektenkunde. P. Parey, Berlin 1927, 4. Aufl.

Olberg, A., Über die Zukunft des ostdeutschen Kiefernwaldes. Zeitschrift für Forst- und Jagdwesen, **68**, 225–244 (1936).

Orlow, F. B., Bekämpfungsmaßnahmen des Auffrierens der Sämlinge im Norden. Lesnoe chozjajstvo (Forstwirtschaft), **7**, 41–43 (1960).

RUPF, H., Ein Beitrag zur Klärung der Dürreschäden. Allgemeine Forstzeitschrift, **6**, 389—394 (1951).

SCHIRM, W., Rechtsbestimmungen für den Forstwirt. Eberswalde 1957.

SCHOBER, R., Zum Einfluß der letzten Dürrejahre auf den Dickenzuwachs. Forstwiss. Zentralblatt, **70**, 204—228 (1951).

SCHWERDTFEGER, F., Anleitung zum Probesuchen nach Kieferninsekten in der Bodendecke. P. Parey, Berlin 1941, 2. Aufl.

SCWHERDTFEGER, F., Waldkrankheiten. Parey, Berlin 1957, 2. Aufl.

STOCK, Technische Sturmsicherung. Silva **14**, 137—141 (1926).

TÜRKE, F., Mittel gegen Wildschäden und ihre Anwendung. F. C. Mayer Verlag, München-Hamburg 1953.

WAGENKNECHT, E., Aufforsten planmäßig durchgeführt. Deutscher Bauernverlag, Berlin 1954.

WECK, J., Waldbrand. Seine Vorbeugung und Bekämpfung. Brandschutz-Fachbuchreihe, **19**, W. Kohlhammer, Stuttgart/Köln 1950.

WELLENSTEIN, C., Die Nonne in Ostpreußen. Monographie zur angewandten Entomologie, **15**, (1942).

ZENTGRAF, E., Sturmeinwirkungen auf Fichtenbestände. Allgem. Forst- und Jagdzeitung, **118**, 268—270 (1942).

ZIEGER, E., Die Wirkung der Industrie-Rauchschäden auf den Wald, ihre Berücksichtigung bei der Raumplanung und die Notwendigkeit ihrer gesetzlichen Regelung. Wiss. Zeitschr. der Techn. Hochschule Dresden. **6**, H. 4, S. 777—787 (1956/57).

ZIMMERMANN, H., Taschenbuch unserer wildlebenden Säugetiere. Urania-Verlag, Leipzig/Jena 1959.

Sachregister

STEFAN von KÉLER

Entomologisches Wörterbuch

mit besonderer Berücksichtigung der morphologischen Terminologie

3., durchgesehene und erweiterte Auflage
1963. XVI, 774 Seiten – 368 Abbildungen – 32 einfarbige, 1 mehrfarbige Tafel – gr. 8° – Lederin 98,– DM

Die dritte Auflage des Entomologischen Wörterbuches bringt als erste Erweiterung und Neuerung des Werkes Literaturhinweise zu nomenklatorischen und sachlichen Begriffen. Der Benutzer des Werkes wird dadurch nicht nur wie bisher, über die Bedeutung der einzelnen Begriffe informiert, sondern darüber hinaus auf die neueste Fachliteratur hingewiesen, welche ihm weiteres Eindringen in das Thema des Stichwortes ermöglichen wird. Langwieriges Blättern in referierenden und bibliographischen Zeitschriften wird dadurch in vielen Fällen und zu einem beträchtlichen Teil erspart. Mit der Einführung der Literaturzitate hat der Verfasser seinen in der Einleitung zur 1. Ausgabe des Entomologischen Wörterbuches ausgesprochenen, damals nicht realisierbaren Wunsch erfüllt. In späteren Auflagen sollen diese Literaturhinweise weiter ausgebaut und die inzwischen veralteten durch neue ersetzt werden.
Zahlreiche indirekte Hinweise, welche in den beiden vorhergehenden Auflagen oft über 1–2 Synonyme zum Hauptstichwort führten, sind fast restlos durch direkte Hinweise von jedem Synonym auf das Hauptstichwort ersetzt worden. Unter dem Hauptstichwort findet der Benutzer sämtliche im Entomologischen Wörterbuch berücksichtigte Synonyma registriert. Die Zahl der Stichworte ist um rund 1000 erhöht worden.

Bestellungen durch eine Buchhandlung erbeten

A K A D E M I E - V E R L A G · B E R L I N

Bestimmungsbücher zur Bodenfauna Europas

Herausgegeben von J. d'Aguilar/Max Beier
Herbert Franz/Frank Raw

Lieferung 1

MAX BEIER

Ordnung Pseudoscorpionidea (Afterskorpione)

1963. Etwa 352 Seiten – 300 Abb. – gr. 8° – etwa 78,– DM

Die „Bestimmungsbücher zur Bodenfauna Europas", in deren 1. Teil die Pseudoscorpionidea oder Afterskorpione verzeichnet sind, sollen dem nun schon sehr großen Personenkreis, der sich mit der Bestimmung von Bodentieren zu befassen hat, übersichtliche und verläßliche Bestimmungsschlüssel von namhaften Spezialisten in die Hand geben. Dadurch erübrigt sich das Heranziehen weiterer zerstreuter und daher oft schwer zu beschaffender Spezialliteratur aus dem europäischen Faunengebiet. Die Bestimmungsschlüssel werden für alle bodenbiologischen sowie land- und forstwirtschaftlichen Institute, besonders für solche mit entomologischer Arbeitsrichtung, aber auch für Ökologen, Tiersoziologen und Speläologen unentbehrlich sein. Als handlicher Arbeitsbehelf werden sie auch dem Musealzoologen sowie Lehrern und Studenten an den Zoologischen Universitätsinstituten, wie überhaupt allen Systematikern willkommen sein.

In diesem Band werden behandelt

Allgemeiner Forstschutz

Forstschutz gegen Tiere

Forstschutz gegen Pflanzen

Folgen der Schädigung des Waldes für die Wirtschaftsführung

WISSENSCHAFTLICHE TASCHENBÜCHER

www.ingramcontent.com/pod-product-compliance
Lightning Source LLC
LaVergne TN
LVHW092106300926
849161LV00002B/58

* 9 7 8 3 1 1 2 6 4 3 7 5 4 *